省级一流课程"煤地质学"系列实习指导书
中央高校教育教学改革专项经费资助（202204）
中国地质大学（武汉）实验教材项目资助

煤岩学实习指导书

MEIYANXUE SHIXI ZHIDAOSHU

李宝庆　李　晶　主　编
刘　贝　王　华　副主编

图书在版编目(CIP)数据

煤岩学实习指导书/李宝庆,李晶主编. —武汉:中国地质大学出版社,2023.12
ISBN 978-7-5625-5722-7

Ⅰ.①煤… Ⅱ.①李… Ⅲ.①煤岩学 Ⅳ.①P618.11

中国国家版本馆 CIP 数据核字(2023)第 256955 号

煤岩学实习指导书		李宝庆　李　晶　**主　编**
		刘　贝　王　华　**副主编**
责任编辑:韦有福	选题策划:韦有福　张晓红	责任校对:何澍语
出版发行:中国地质大学出版社(武汉市洪山区鲁磨路388号)		邮编:430074
电　　话:(027)67883511	传　　真:(027)67883580	E-mail:cbb@cug.edu.cn
经　　销:全国新华书店		http://cugp.cug.edu.cn
开本:787毫米×1092毫米　1/16		字数:166千字　　　印张:6.5
版次:2023年12月第1版		印次:2023年12月第1次印刷
印刷:武汉市籍缘印刷厂		
ISBN 978-7-5625-5722-7		定价:25.00元

如有印装质量问题请与印刷厂联系调换

《煤岩学实习指导书》
编委会

主　编：李宝庆　李　晶

副主编：刘　贝　王　华

编委会：严德天　甘华军　王小明　汪小妹

　　　　　庄新国　潘思东　李绍虎　田继军

前 言

《煤岩学实习指导书》是由中国地质大学(武汉)实验室与设备管理处、中央高校教育教学改革专项经费资助出版的,是由中国地质大学(武汉)资源学院盆地矿产系组织编写的,属"煤地质学"课程实践教学的重要组成部分。本实习指导书适用于资源勘查工程等相关专业四年制本科实践教学。

《煤岩学实习指导书》是新一轮"煤地质学"的教学改革和教学计划的配套实践教材,是在新工科和一流课程建设的新形势下开展的实践教学环节,旨在把课堂理论教学与实践教学环节紧密相结合,加强学生深入理解基本理论和专业知识,培养本科生的独立思考和创新能力,全面提高教学质量,促进"双碳"目标驱动下煤炭创新人才的培养。

编写本实习指导书目的在于通过实践教学环节,加深资源勘查工程专业及其相关专业本科生对煤的物质组成的认识,使本科生掌握煤的显微组分镜下特征、组分鉴定与统计、工业分析与煤质评价以及煤的加工利用等基本专业知识,培养本科生从事煤岩学实验的基本技能;在实验基本技能和数据处理方面对学生进行必要的基本训练,从而进一步巩固他们所学的专业理论知识,使他们更好地掌握煤岩学镜下鉴定的方法及煤手标本的描述与鉴定方法。实验过程中,让学生了解和熟悉有关仪器、仪表的正确使用方法,培养学生严谨的科学作风和独立工作的能力,锻炼学生运用科学方法进行测试分析和科学研究的基本能力。

《煤岩学实习指导书》的实习内容包括:煤的若干物理性质及结构构造认识;透射光下煤的薄片观察、描述与鉴定;反射光下煤(粉煤、块煤)的光片观察、描述与鉴定;腐植煤的宏观岩石类型鉴定;粉煤光片的显微组分定量统计;煤中矿物质的 X 射线衍射谱图解析以及红外光谱图解析。通过实习掌握煤的显微组分鉴定与定量统计方法、宏观煤岩类型的观察、物理性质和结构构造的观察、煤的岩石学特征的综合描述以及煤中矿物质的鉴定与定量分析方法。

《煤岩学实习指导书》全书共分 8 章,其中第一章由李宝庆、王华、严德天执笔,第二章由李宝庆、刘贝、甘华军执笔,第三章至第五章由李晶、王华、王小明、庄新国执笔,第六章由刘贝、李宝庆、李晶、李绍虎执笔,第七章和第八章由李宝庆、田继军、汪小妹、潘思东执笔。全书最后由李宝庆、李晶和王华统稿。

本实习指导书是编者根据盆地矿产系多年来本科生煤岩学实习,并且参考原煤田教研室煤岩学实习资料编写而成。编写过程中,盆地矿产系焦养泉、王双明、王生维、吴立群等老师提出了宝贵建议并给予了大力支持,在此谨向支持本实习指导书编写的同志致以衷心感谢;盆地矿产系曹佳亮、史禹韬、郭雅杰、王园、林阳、张涵、张晓阳等研究生为本实习指导书的出版付出了辛勤劳动,在此一并致以诚挚的感谢。

由于编者水平有限,书的内容和编排难免有不足之处,恳请读者批评指正。

编 者
2023 年 5 月

目 录

第一章 绪 论 ·· (1)
  第一节 实习目的和意义 ·· (1)
  第二节 实习内容设置 ··· (2)
  第三节 教学程序 ·· (2)

第二章 煤岩分析样品的制备 ·· (4)
  第一节 粉煤光片的制备 ·· (4)
  第二节 块煤光片的制备 ·· (6)
  第三节 煤岩薄片的制备 ·· (7)
  第四节 煤岩光薄片的制备 ·· (8)

第三章 煤的宏观物理性质及结构构造的观察描述 ······································· (9)
  第一节 煤的宏观物理性质 ·· (9)
  第二节 煤的结构构造 ··· (12)
  第三节 煤的宏观物理性质及结构构造的观察描述方法 ····························· (16)

第四章 宏观煤岩类型的鉴定 ··· (18)
  第一节 腐植煤的宏观煤岩组分 ··· (18)
  第二节 腐植煤的宏观煤岩类型 ··· (19)
  第三节 宏观煤岩类型的鉴定方法 ·· (21)

第五章 显微煤岩组分的鉴定 ··· (23)
  第一节 煤的显微组分的分类 ·· (23)
  第二节 煤的显微组分的鉴定方法 ·· (51)

第六章 粉煤光片的显微组分定量统计及煤相分析 ····································· (54)
  第一节 显微组分的定量统计 ·· (54)
  第二节 煤相分析 ·· (57)

第七章 煤中矿物的 X 射线衍射分析 ··· (60)
  第一节 煤中矿物的 X 射线衍射特征 ··· (60)
  第二节 煤中矿物的 X 射线衍射分析 ··· (61)

第八章 煤中矿物的红外光谱分析 ·· (77)
  第一节 煤中矿物的红外光谱特征 ·· (77)
  第二节 煤中矿物的红外光谱分析 ·· (79)

主要参考文献 ·· (93)

第一章 绪 论

第一节 实习目的和意义

2020年9月22日,国家主席习近平在第75届联合国大会上宣布,中国力争于2030年前二氧化碳排放达到峰值,努力争取2060年前实现碳中和目标。我国煤炭资源丰富,煤炭是我国主体能源和重要工业原料。2021年,煤炭在我国一次能源消费量中的占比为56%。随着能源结构调整和煤炭供给侧结构性改革,国内煤炭消费占比逐步降低,但以煤为主体的能源结构没有发生根本变化,煤炭资源在相当长的时间内仍将担负保障国家能源安全的重要作用。这决定了我国煤炭行业在实现"碳达峰、碳中和"目标中承担更重要的责任,同时也意味着在"双碳"目标下我国煤炭行业的发展将面临严峻的挑战,但也迎来了难得的机遇。

"碳达峰、碳中和"并不是简单的"去煤化",而是要推进煤炭的清洁高效利用。煤炭清洁高效利用是立足我国资源禀赋、确保能源安全的重要战略举措,是建立具有强大新型能源体系、实现"双碳"目标的关键支撑。煤炭的清洁高效利用离不开对煤的物质组成的深入研究,因此在"双碳"目标驱动下煤岩学在煤炭清洁高效利用过程中发挥着重要作用。

煤岩学是把煤作为一种岩石,以岩石学的角度和方法来研究煤的物质成分、结构、构造、分类命名,确定其形成条件、分布规律、成因及应用等的一门学科。随着新技术的蓬勃发展和新方法的广泛采用,煤岩学研究经历了从宏观到微观、超微观,从定性到定量,从单一手段到多种技术交叉的深入发展。宏观上,主要是用肉眼观察煤的物质成分、结构构造及其特点;微观上,主要借助光学仪器(如偏光显微镜、荧光显微镜、显微光度计等)对煤的显微组分的组成、形态、性质及其在煤化过程中变化等特点进行研究。应用煤岩学方法确定煤的宏观和微观煤岩组成、镜质体反射率等岩石学特征,是评定煤的性质和用途的重要依据,也是研究煤的生成和变质的重要基础,从而推动了煤岩学的广泛应用。近年来,煤炭的清洁高效利用越来越受到多个行业的重视,例如,在煤的洗选、炼焦、液化、气化、燃烧等方面,均需要煤岩学方法作为检验煤质的重要手段。因此,煤岩学作为一种基础学科,在指导煤的精细化加工利用方面具有其他学科不可替代的优势。在油气勘探开发方面,镜质体反射率可以评价烃源岩的成熟度、沉积盆地的热演化史和构造史以及预测油气的赋存等；在冶金方面，煤岩分析方法可以评价煤的炼焦性能，确定炼焦煤配比和预测焦炭强度；在煤地质方面，煤岩学分析有助于煤层对比、煤相分析和煤质评价等。

煤岩学实践教学是资源勘查工程专业教学的重要组成部分，也是相关专业学生持续学习或步入工作前的一个重要环节，目的是培养学生的动手能力和分析各种煤地质学问题的能力。整个实习过程包括实验环节、分析和讨论、归纳与总结，最后按照规范格式要求撰写实习报告。室内的实践教学实习，能够训练和培养学生的基本专业技能与工作方法，培养学生分析问题和解决问题的综合实践能力及创新能力，全面提高学生素质。其目的包括以下几个方面：

(1)在教师的指导下，借助光学显微镜、X射线衍射仪、红外光谱仪等相关仪器，对煤的宏观和微观组分进行观察、描述和分析，从而加深对本专业所学课程理论和知识的理解，培养学生的专业思维能力、创新能力和实践动手能力。

(2)通过编写实习报告，为学生今后阅读专业文献和资料以及撰写科研论文打下基础，培养学生科学研究的意识。

(3)培养学生实事求是和团结协作的工作作风，增强学生从事煤炭行业的主体意识。

第二节 实习内容设置

本次实习内容展开实践教学，是学生修完煤地质学和煤岩学之后进行的实践教学实习。本次煤岩学实习设置的实践教学内容有以下几个方面：①煤岩分析样品的制备；②煤的宏观物理性质及结构构造的观察描述；③宏观煤岩类型的鉴定；④显微煤岩组分的鉴定；⑤粉煤光片的显微组分定量统计及煤相分析；⑥煤中矿物的X射线衍射分析；⑦煤中矿物的红外光谱分析。

第三节 教学程序

该实践教学时间安排为2周，包括以下4个阶段。

(1)实习准备阶段。实习动员，使学生了解实习的目的、内容、安排及要达到的目标，为实习作好充分准备。准备工作包括以下几个方面：①熟悉实习大纲，明确实习目的、任务和要求以及各教学阶段主要教学内容、教学要点等；②分组，选定实习小组组长；③准备实习用具。

(2)实习教学阶段。学生在教师的带领下，进行相关实习内容的学习，完成教学实习的基本训练内容。为使学生尽快掌握各项实习内容，在教学方式和手段等方面师生都应积极探索、改革和创新，以保障教学质量并为以后教学实践奠定良好基础。

(3)独立实践阶段。以学生独立完成任务为主,以教师进行指导为辅。学生以小组为单位在教师的适当引导下独立完成相关实习任务。

(4)实习报告编写阶段。该阶段是教学实习总结性环节,目的是培养学生对实践过程中所得数据进行整理、归纳和处理的初步能力,对各种标本和样品进行鉴定分析能力,运用基础地质知识和煤岩学理论进行分析并培养正确的地质思维与编写地质报告的综合能力。为了进行全面训练和总结,按大纲要求,每个学生都应独立完成相关的实践教学内容。

第二章 煤岩分析样品的制备

显微镜下鉴定用的样品,根据鉴定方法不同,可分为在透射光下鉴定用的薄片、在反射光下鉴定用的光片、在反射光和透射光下均可供鉴定的光薄片。样品根据形状的不同,可分为块片(用煤块制成)和粉煤片(用粉煤样制成)。粉煤光片(煤砖)、块煤光片、煤薄片和光薄片的制作,都须严格遵循我国国家标准《煤样的制备方法》(GB 474—2008)和《煤岩分析样品制备方法》(GB/T 16773—2008)。

薄片一般用煤块制成,这是煤岩学早期至现今广泛使用的方法。薄片能通过不同颜色和清晰的结构反映煤岩特征,该方法适用于低—中煤级煤。由于薄片制作技术性高、比较耗时、制作不易全部自动化,其厚薄往往影响鉴定质量。尤其是当煤的变质程度超过焦煤以后,薄片逐渐不透明,因此采用薄片很难鉴定高煤级烟煤和无烟煤。粉煤制成薄片更加困难,因而应用范围受到一定的限制。

光片可用煤块制成(块煤光片),也可用粉煤胶结成型制成(粉煤光片),现行比较常用的是用粉煤胶结成型制成。相对于煤薄片的制备,光片的制作工艺更简便,制作速度更快,易用自动化磨片和抛光,且对高煤级烟煤和无烟煤仍可使用,故应用广泛,常用于显微组分的观察、定量统计和镜质体反射率的测定。对于煤的现代微区分析、显微硬度的测定、侵蚀、染色方法,以及研究煤层形成和煤层对比等也采用块煤光片。因此,利用光片观测已成为当前煤岩研究使用最广泛的方法之一。

光薄片一般用煤块制成,可分别在透射光、反射光和荧光下观察同一视域,对比识别不同光性的煤岩显微组分十分方便,也可用于电子探针、扫描电镜、激光剥蚀等的研究。

第一节 粉煤光片的制备

把破碎到规定粒度、有代表性的煤样,按一定比例与黏结剂混合,冷凝或加温压制成煤砖,然后将一个端面研磨、抛光成合格的光片。

1. 粉煤样的制取

通过反复过筛和反复破碎筛上煤样,直至完全通过孔径 1.0mm 的试验筛,并使小于

0.1mm的煤样质量不超过10%(小于0.1mm的颗粒不得弃去);称取上述粒度小于1.0mm的空气干燥煤样100~200g,用堆锥四分法(图2-1)将其缩分至10~20g备用。

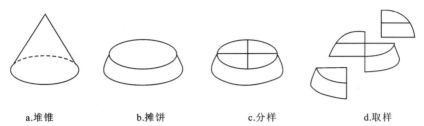

    a.堆锥   b.摊饼   c.分样   d.取样

图2-1a堆锥时,应将试样一小份、一小份地从样锥顶部撒下,使之从顶到底、从中心到外缘形成有规律的粒度分布,并至少倒堆3次;图2-1b摊饼时,应从上到下逐渐拍平或摊平成厚度适当的扁平体;

图2-1c分样时,将十字分样板放在扁平体的正中间,向下压至底部,煤样被分成4个相等的扇形体;

图2-1d取样时,将相对的两个扇形体弃去,另外两个扇形体留下继续进一步制样。

图2-1 堆锥四分法

2. 粉煤光片的制备

粉煤光片的制备,可以通过热胶法和冷胶法制备。

(1)热胶法。按煤样与黏结剂体积比2∶1取料,掺合均匀后拨入底部粘有纸的环形盛样筒内;将装有煤和黏结剂混合物的盛样筒放入环状电加热器内加热,盛样筒内温度不应超过100℃,不断搅拌直至黏结剂完全熔融;迅速将上述黏结剂完全熔融后的装有煤样混合物的盛样筒放入镶嵌机内加约3.5MPa的压力,停留约30s,取出煤砖,进行编号。及时清理模具和工具,以备下一煤砖的制作。

(2)冷胶法。将环氧树脂和固化剂按质量比2∶1进行配比,在烧杯内用玻璃棒慢慢搅拌均匀,搅拌过程中尽量避免出现气泡。每90g混合树脂可制作大约12个煤砖。在注模杯(图2-2)底部和侧壁均匀涂抹凡士林。制样过程中,首先将少量混合之后的树脂倒入注模杯,随后将样品倒入注模杯,用玻璃棒搅拌均匀,使树脂和样品充分混合。再将剩余混合树脂倒入注模杯中,将样品标签放入注模杯中,使用玻璃棒轻轻摁压标签,使其沉入

图2-2 注模杯(直径25mm)

混合树脂中。静置24h,取出样品。需要注意的是,配胶及胶结过程应在通风橱内完成。煤与胶的混合物应充满注模杯,以确保凝固、研磨和抛光之后粉煤光片的表面尺寸为25mm×25mm,且工作面积上煤粒应占总面积的2/3以上;当样品特别少时,先将样品铺在模具槽底,再加入少量黏结剂,待凝固后,加黏结剂,以增加其厚度,使其便于研磨、抛光。

3. 研磨和抛光

煤砖研磨和抛光使用标乐 EcoMet 30 半自动/手动研磨抛光机(图 2-3)。标乐 EcoMet 30 半自动/手动研磨抛光机操作流程如下。

(1)使用 400grit(P800)砂纸进行掺水研磨,研磨参数:时间为 1min;底盘转速为 250r/min;动力头转速为 100r/min;压力为 30N。研磨完毕后,用清水冲洗煤砖,去除煤砖表面的样品和残砂等颗粒物。

(2)使用 600grit(P1200)砂纸进行掺水研磨,研磨参数:时间为 1min;底盘转速为

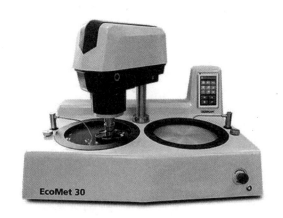

图 2-3 标乐 EcoMet 30 半自动/手动研磨抛光机

250r/min;动力头转速为 100r/min;压力为 30N。研磨完毕后,用清水冲洗煤砖,去除煤砖表面的样品和残砂等颗粒物。

(3)使用抛光布和 $1\mu m$ 铝的悬浮液进行抛光,抛光参数:时间为 3min;底盘转速为 100r/min;动力头转速为 75r/min;压力为 30N。在 1.5min 时打开水龙头,掺水抛光。抛光完毕后,用清水冲洗煤砖,去除煤砖表面的样品和抛光液等物质。

(4)使用抛光布和 $0.05\mu m$ 铝的悬浮液进行抛光,抛光参数:时间为 3min;底盘转速为 100r/min;动力头转速为 75r/min;压力为 30N。在 1.5min 时打开水龙头,掺水抛光。抛光完毕后,用清水冲洗煤砖,去除煤砖表面的样品和抛光液等物质。注意:$0.05\mu m$ 铝的悬浮液和 $1\mu m$ 铝的悬浮液要使用不同的抛光布。

(5)使用抛光布和 $0.05\mu m$ 硅的悬浮液(蓝色)进行抛光,抛光参数:时间为 3min;底盘转速为 100r/min;动力头转速为 75r/min;压力为 30N。在 1.5min 时打开水龙头,掺水抛光。抛光完毕后,用清水冲洗煤砖,去除煤砖表面的样品和抛光液等物质。注意:硅的悬浮液和铝的悬浮液要使用不同的抛光布。

4. 抛光面检查

用×20~×50 的干物镜检查煤砖抛光面,抛光面应满足下列要求:①表面平整,无明显突起、凹痕;②煤颗粒表面显微组分界线清晰,无明显划道;③表面清洁,无污点和磨料。若抛光面未达到上述①到②的要求,重复上述工序一次。若抛光面未达到③的要求,则重新清洗一次。图 2-4 为反射光下显示的合格粉煤光片和不合格粉煤光片。

第二节 块煤光片的制备

将块煤煮胶、切片、研磨、抛光成合格的光片。褐煤块煤光片的制备可参照此方法;若煤

 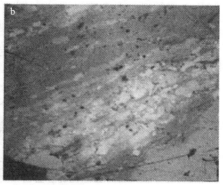

a. 干物镜下符合要求的光片；b. 干物镜下见擦痕、小空洞的不符合要求的光片。
图 2-4 反射光下显示的合格粉煤光片和不合格粉煤光片

样水分过大，一般不宜直接煮胶，灌注前应先在温度不高于 60℃ 的恒温箱内干燥，然后再煮胶。

(1)块煤加固。块煤加固有冷胶灌注法和煮胶法。①冷胶灌注法。将块煤样放在模具内，把配制好的黏结剂倒入模具内或煤块研磨面上，使其渗入裂缝直至黏结剂凝固。若煤样水分过大，灌注前应先在温度不高于 60℃ 的恒温箱内干燥。②煮胶法。选取块煤样的目标部位，标明方向并编号，煤块过大或不规则时，应适当切下多余的或不规则的部分。如煤样易碎，应用纱布捆扎加固。煮胶用黏结剂为松香与石蜡的混合物，其混合比一般为 10∶1 到 10∶2，以胶能充分渗入到煤样的裂缝中为准。如果配的胶仍达不到要求，可加入少量松节油，用量为松香量的 1/10 或 2/10。用线绳或金属线的一端沿垂直层理的方向捆牢煤样。浸没在胶锅中，另一端系上标签并留在容器外。容器中黏结剂的温度不应超过 130℃，煮胶时间以黏结剂中煤样不再产生气泡为准。停止加温 10min 后，从黏结剂中取出煤样。煮胶应在带有封闭式可调变压器的电炉上，在备有防火设备的通风柜中进行。一次配制的黏结剂可多次使用。当黏结剂的脆度增大不宜再使用时，可加入适量的石蜡或重新配制新的黏结剂。

(2)切片。沿垂直层面的方向，在切片机上将煤样切成长 40mm×35mm×15mm 的煤块。如有特殊需要则按所要求的规格切割样品。

(3)研磨。粗磨用 180 号或 200 号金刚砂研磨煤砖各面，使其成为平整的糙平面。细磨和精磨按粉煤光片方法操作。

(4)抛光。抛光按粉煤光片方法操作。

(5)抛光面检查。抛光面检查按粉煤光片方法操作。

第三节　煤岩薄片的制备

对中低煤化程度的块煤，通过加固、切片、第一个面的研磨、粘片、第二个面的研磨、修饰、剔胶与整形、盖片等工序制成合格的薄片。

(1)块煤加固。块煤加固按块煤光片方法操作。

(2)切片。切片时,沿垂直层理的方向,在切片机上将块煤切割成长 45mm×25mm×15mm 的煤块。如有特殊需要,则按所要求的规格切割样品。

(3)第一个面的研磨。按块煤光片粗磨方法、粉煤光片细磨和精磨方法分别对煤样的第一个面进行粗磨、细磨和精磨。若效果较差,还可按粉煤光片细抛光方法进行细抛光。

(4)粘片。①冷粘。将黏结剂均匀地滴在精磨或抛光好且放置在工作台上的煤块黏合面上,使之与载玻璃片的毛面黏合。来回轻微推动块煤以驱走气泡并使胶均匀分布到整个黏合面。②热粘。加热载玻璃片及其上面的黏结剂,待其充分熔化并均匀分布在载玻璃上后,将煤块的精磨面或抛光面与载玻璃黏合。轻微来回推动煤块使黏结剂均匀分布并驱走气泡。在常温下冷却凝固。

(5)第二个面的研磨。按块煤光片粗磨方法对粘到载玻璃片上的煤样的另一面进行粗磨,并磨至煤样厚度约 0.5mm 为止。按粉煤光片细磨方法对上述粗磨面进行细磨,并磨至煤样厚度为 0.15~0.20mm 时,煤片开始出现透明的现象。按粉煤光片精磨方法对上述细磨片进行精磨,磨至煤片全部基本透明、大致均匀、无划道、显微组分界线清晰、四角平整。

(6)修饰。在修饰台上,用软木条或玻璃棒沾上 W5、W3.5 或 W1 粒度的白刚玉粉浆对煤岩薄片进行修饰,将较厚的不均匀的部位研磨薄,直至达到以下要求为止:在 10~20 倍的透光显微镜下,煤岩薄片应四角平整、厚度均匀、透明良好、无划道且显微组分界线清晰。

(7)剔胶与整形。用锋利的小刀将载玻璃片上多余的胶剔除。将煤岩薄片尺寸整形至不小于 32mm×21mm 即可。清洁并干燥薄片。

(8)盖片。将适量的光学树脂胶放在坩埚内煮至不粘手、可拉成线时为止。取适量上述已煮好的胶放在薄片上,并放上盖片,加热并推移盖片,以排除余胶和气泡,并使煤岩薄片与盖片之间的胶均匀分布。常温冷凝。

第四节 煤岩光薄片的制备

对中低煤化程度的块煤,通过加固、切片、研磨、抛光、粘片、第二个面的研磨和抛光等工序制成合格的光薄片。

煤岩光薄片的块煤加固、切片、研磨、粘片、第二个面的研磨、修饰、剔胶、整形与煤岩薄片的制备方法相同,其不同点是光薄片精磨后的两个面均应抛光。

光薄片抛光与粉煤光片的方法一致,但抛光时间比粉煤光片稍短,所加压力较小,以避免抛光面产生凸起。

光薄片第二个面的抛光应将其放入光薄片夹具中进行,抛光过程中改变光薄片的方位时,应提起光薄片后再改变方位。

抛光盘的直径应不小于 250mm,抛光盘转速 200~500r/min。

光薄片的抛光质量要求与粉煤光片一致。光薄片应整形至尺寸不小于 32mm×24mm。

第三章 煤的宏观物理性质及结构构造的观察描述

第一节 煤的宏观物理性质

煤的物理性质是指煤不需要发生化学变化就能表现出来的性质,是煤的化学组成和分子结构随着成煤作用进程的最终体现。煤的物理性质主要包括煤的颜色、光泽、断口、裂隙、密度、机械性质、热性质等。

一、煤的颜色

煤的颜色是指新鲜(未被氧化)的煤块表面的天然色彩,它是煤对不同波长的可见光吸收的结果,是肉眼鉴定煤的主要物理标志之一。煤的颜色通常包括表色和条痕色。

1. 表色

煤在普通的白光照射下,其表面的反射光线所显示的颜色称为表色(表3-1)。由高等植物形成的腐植煤的表色随煤的煤化程度增高而具有规律性的变化。通常由褐煤到烟煤、无烟煤,其颜色由棕褐色、黑褐色变为深黑色,最后变为灰黑色而带有钢灰色。在烟煤阶段,如高挥发分长焰煤,外观呈浅黑色甚至褐黑色,而到低挥发分贫煤就多呈深黑色。由藻类等低等植物形成的腐泥煤类,它们的表色有的呈深灰色,有的呈棕褐色、浅黄色,甚至呈灰绿色。另外,影响表色的因素还有煤中的水分和矿物质。煤中的水分常能使煤的颜色加深,但矿物杂质却能使煤的颜色变浅。因此,同一矿井的煤如其颜色越浅,则表明它的灰分越高。

2. 条痕色

煤的条痕色(或称粉色)是指煤碾成粉末的颜色,一般是用钢针在煤的表面刻划或者用镜煤在脱釉瓷板上刻划出条痕的颜色(表3-1)。粉色比表色略浅一些,反映了煤的真正颜色,因此比表色能更好地区别不同煤级的煤。粉色主要与煤的变质程度有关,随着煤的变质程度的提高，煤的粉色具有由褐煤的浅棕色、长焰煤的深棕色、气煤的棕黑色、肥煤和焦煤的黑色(略带棕色)、瘦煤和贫煤的黑色到无烟煤的灰黑色的变化规律。

表 3-1 不同煤化程度煤的主要物理性质

煤化阶段	煤种	光泽	颜色	条痕色	内生裂隙
褐煤	褐煤	无光泽或暗淡的沥青光泽	褐色、深褐色或黑褐色	浅棕色、深棕色	几乎无
低变质烟煤	长焰煤	沥青光泽	黑色，带褐色	深棕色	较发育
	气煤	沥青光泽或弱玻璃光泽	黑色	棕黑色	较发育
中变质烟煤	肥煤	玻璃光泽	黑色	黑色，带棕色	发育
	焦煤	强玻璃光泽	黑色	黑色，带棕色	发育
	瘦煤	强玻璃光泽	黑色	黑色	较发育
高变质烟煤	贫煤	金刚光泽	黑色，有时带灰色	黑色	较发育
无烟煤	无烟煤	似金属光泽	灰黑色，带有钢灰色	灰黑色	不发育

二、煤的光泽

煤的光泽是指煤的新鲜断面对正常可见光的反射能力，是肉眼鉴定煤的主要物理标志之一(田树华和曹毅然，1997)。通常煤的光泽具有煤的特征光泽和平均光泽两种类型。

煤的特征光泽通常有土状光泽、沥青光泽、玻璃光泽、金刚光泽和似金属光泽等。随着煤化程度的提高，煤的特征光泽具有规律性的变化，即从褐煤的土状光泽/暗淡光泽、低变质烟煤的沥青光泽、中变质烟煤的玻璃光泽、高变质烟煤的金刚光泽到无烟煤的似金属光泽(表 3-1)。

煤的平均光泽(相对平均光泽)与煤的岩石组成有关，以相同变质程度煤中的镜煤条带光泽强度作为标准，划分了光亮、半亮、半暗和暗淡 4 种类型。

在判断煤的光泽时一定要选择未氧化的煤，或有光洁新鲜断面的煤。

三、煤的断口

煤块受到外力打击后不沿层理面或裂隙面断开，成为凹凸不平的表面，称为煤的断口(吴俊，1987)。根据表面的形状和性质，煤中断口可分为贝壳状断口、参差状断口、棱角状断口、阶梯状断口、平坦状断口、粒状断口、针状断口、眼球状断口等。

根据煤的断口可大致判断其物质组成的均一性和方向性。例如贝壳状断口在腐泥煤或腐植煤中的光亮煤以及某些无烟煤中常见，可作为煤的物质组成均一性的重要标志。棱角状断口是由几个破碎面相交而成，呈棱角状，在不均一的亮煤中常见。阶梯状断口是由两组以上的裂隙面相交而成，形似阶梯，在条带状烟煤中常见。眼球状断口是在煤的裂隙面上常有圆形或椭圆形的表面,形似眼球,常见于均一而脆度较大的镜煤中。

肉眼观察煤的断口,应以煤岩类型为基本鉴定单位,并注意避免同整块煤或者整个分层煤的断面发生混淆。只有对于某些均一性较好的煤,如腐泥煤和块状的无烟煤,由于煤岩类型趋于一致,断口和断面实际上可不加以区分。

四、煤的裂隙

煤的裂隙是指在成煤过程中煤受到自然界的各种应力的影响而产生的裂开现象。煤的裂隙按成因的不同,可分为内生裂隙和外生裂隙两种(邹艳荣和杨起,1998)。

1. 内生裂隙

内生裂隙是在煤化作用过程中,煤中的凝胶化物质受到地温和地压等因素的影响,体积均匀收缩,产生内张力而形成的一种裂隙。它具有以下几个特点。①出现在较为均匀致密的光亮煤分层中,特别是在镜煤的透镜体或条带中最为发育。②一般垂直或大致垂直于层理面(图 3-1)。③裂隙面较平坦光滑,且常伴有眼球状的张力痕迹。④裂隙有互相垂直或斜交的两组,其交叉呈四方形或菱形,其中裂隙较发育的一组为主要裂隙组,裂隙较稀疏的一组为次要裂隙组(图 3-2);主要的、延伸较长的为面割理(face cleat);次要的、大致与面割理垂直的为端割理(butt cleat)。

图 3-1 煤中的内生裂隙

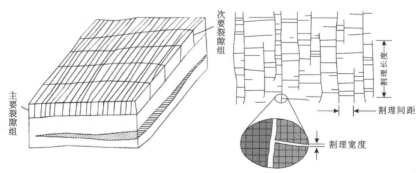

图 3-2 内生裂隙的发育特点

内生裂隙的发育情况与煤化程度和煤岩显微组分有密切关系。同一种煤岩类型中内生裂隙的数目随着变质程度由低到高有规律地变化，因此内生裂隙也是确定煤变质程度的指标之一。通常以浮煤挥发分产率在25%左右的中煤阶的焦煤、肥煤类内生裂隙最为发育，5cm内有30～60条；而低或高煤阶的烟煤内生裂隙则减少，5cm内有10～20条。随着挥发分产率的降低，煤的内生裂隙也逐渐减少，到无烟煤阶段达到最低值（很少或没有）。挥发分产率大于25%的煤，其内生裂隙随挥发分产率的增高不断降低，所以内生裂隙数量常以焦煤类最多，肥煤类次之，1/3焦煤、气煤和长焰煤类依次减少，到褐煤阶段几乎没有内生裂隙（表3-1）。

2. 外生裂隙

一般认为煤的外生裂隙是在煤层形成以后，受构造应力的作用而产生的。它具有以下几个特点：①可以出现在煤层的任何部位，通常以光亮煤分层为最发育，并往往同时穿过几个煤岩分层，大裂隙甚至可以穿过煤层（图3-3）；②常以不同的角度与煤层的层理面相交；③裂隙面上常有波状、羽毛状或光滑的滑动痕迹，有时还可见到次生矿物或破碎煤屑充填，裂隙面不平坦；④有时沿着内生裂隙叠加改造而发育。

 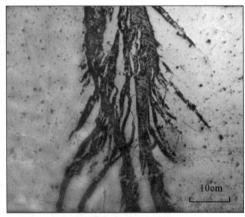

图3-3　煤中外生裂隙的发育特点

外生裂隙实际上就是一种后生裂隙，是由附近断层派生出来的后期的一种次生小构造，与断层有着成因联系。因此一定程度上外生裂隙方向与附近的断层方向一致，研究煤的外生裂隙有助于确定断层的方向。

第二节　煤的结构构造

煤的结构构造反映成煤原始质料及其在成煤作用过程中的变化，它们是煤的重要原生特征（陈善庆，1989）。

一、煤的结构

煤的结构是煤岩成分的形态、大小、厚度、植物组织残迹以及它们之间相互关系所表现出来的特征,是成煤原始质料在成煤过程中性质、成分变化的最终表现。在低煤级煤中,煤的结构很清楚;随着煤化程度的提高,各种煤岩成分的性质逐渐接近,成煤原始质料的肉眼标志逐渐消失;到了高变质阶段,煤的结构就逐渐变得均一。煤的结构可分为原生结构和次生结构。

1. 原生结构

煤的原生结构是由成煤原始物质及成煤环境所形成的结构(曹代勇等,2005)。常见的煤的原生结构主要包括条带状结构、线理状结构、透镜状结构、均一状结构、木质状结构、纤维状结构、粒状结构、叶片状结构。

(1)条带状结构。由煤岩成分呈条带在煤层中相互交替而构成条带状结构(图3-4)。按条带宽细可分为细条带状(1~3mm)、中条带状(3~5mm)和宽条带状(>5mm)。条带状结构在烟煤中表现尤为明显,其中在半亮煤和半暗煤中最常见。年轻褐煤、无烟煤中条带状结构不明显。

图3-4 煤的条带状结构

(2)线理状结构。镜煤、丝炭、黏土矿物等以厚度小于1mm的线理形式断续分布于煤中,形成线理状结构(图3-5a)。线理状结构经常伴随着条带状结构同时出现,其中在半暗煤和半亮煤中最常见。根据线理交替出现的间距,该结构又可分为密集线理状和稀疏线理状两种。

(3)透镜状结构。镜煤、丝炭、黏土矿物和黄铁矿常呈大小不等的透镜体形式,连续或不连续散布于比较均一的暗煤或亮煤中,构成透镜状结构(图3-5b)。与线理状结构一样,透镜状结构也常与条带状结构伴生,在半暗煤和暗淡煤中常见。

(4)均一状结构。组成成分较为单纯,均匀的煤岩成分常显示均一状结构。镜煤具有较为典型的均一状结构,一些腐泥煤、腐植腐泥煤和无烟煤也具有均一状结构。

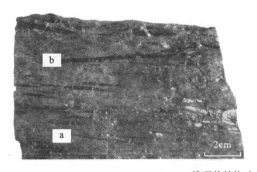 

a.线理状结构;b.透镜状结构。

图 3-5 煤的线理状和透镜状结构

(5)木质状结构。木质状结构是植物原有的木质结构在煤中的反映或继承。植物形成煤之后,植物茎部的木质组织的痕迹得以继承保存。规模较大的有时会有煤化树干、树桩等(图 3-6)。木质状结构多见于褐煤、长焰煤中。例如,我国抚顺古近纪长焰煤中产煤化树干、树桩,云南先锋新近纪褐煤中大面积产出煤化树干。

a.褐煤中的树干;b.木质状结构。

图 3-6 煤的木质状结构

(6)纤维状结构。纤维状结构多见于丝炭,是植物茎部丝炭化作用的产物,疏松多孔。纤维状结构一定程度上反映了植物的原生结构。它的最大特点是具有沿着某一方向延伸的性质。丝炭常以明显的纤维状结构为重要鉴定特征,因此,丝炭也被称为纤维煤。

(7)粒状结构。粒状结构常常是由煤中散布着大量稳定组分或矿物质造成的,肉眼可见清楚的颗粒状。粒状结构为某些暗煤或暗淡煤所特有。

(8)叶片状结构。叶片状结构主要是煤层中顺层分布着大量的角质体、木栓体,使煤呈现纤细的页理,易被分成极薄的薄片,外观呈纸片状、叶片状。我国泥盆纪角质残植煤和树皮残植煤常具有典型的叶片状结构。

2. 次生结构

次生结构主要包括碎裂结构、碎粒结构和糜棱结构。

(1)碎裂结构。碎裂结构是指煤被密集的次生裂隙相互交切成碎块,但碎块之间基本没有位移,可见到煤层的层理。碎裂结构往往位于断裂带的边缘。

(2)碎粒结构。碎粒结构中煤被破碎成粒状,主要粒级大于1mm。大部分煤粒由于相互位移摩擦失去棱角,煤的层理被破坏,碎粒结构往往位于断裂带的中心部位。

(3)糜棱结构。糜棱结构中煤被破碎成很细的粉末,主要粒级小于1mm。有时被重新压紧,已看不到煤层的层理和节理,煤易捻成粉末。糜棱结构一般出现在压应力很大的断裂带中。

二、煤的构造

煤的构造是指煤岩成分之间的空间排列和分布所表现出来的特征(琚宜文等,2004)。煤的构造与煤岩成分的自身(如形态、大小)无关,而与成煤原始物质的聚集条件和变化过程有关。构造仅说明煤中各组成成分和煤岩类型在空间的分布、排列,它的最重要标志是层理。根据有无层理显示,煤的构造分为层状构造和块状构造。

1. 层状构造

沿煤层垂直方向上可看到明显的不均一性,显示层状构造。层理是煤层的主要构造标志,主要由组成成分不同引起,或是煤岩成分的变化,或是含无机矿物夹层所引起的。层理的显示,在相当程度上与古泥炭在成岩作用过程中的变化有关。

煤层中的层理按形态,可分为水平层理、波状层理和斜层理,分别反映了水动力条件很弱、水动力条件较弱及水动力条件较强的成煤环境。

2. 块状构造

煤的外观均一致密,无层理显示的称为块状构造,主要是由于成煤物质相对均匀,在沉积环境稳定滞水的条件下缓慢均匀沉淀而形成的。块状构造多见于腐泥煤、腐植腐泥煤和某些暗淡型的腐植煤中。

煤层在经历强的构造变动后,自身相对较软,易于形成次生构造,如煤中的滑动镜面、鳞片状构造和揉皱构造等,这些次生构造可改变或破坏煤的原生构造。

第三节　煤的宏观物理性质及结构构造的观察描述方法

1. 煤的宏观物理性质及结构构造观察描述的目的

煤的宏观物理性质及结构构造的研究可为煤的成因、组成以及煤炭综合利用提供重要信息。本实习要求学生学会鉴定和描述煤的主要宏观物理性质及结构构造特征等，并利用煤的物理性质判断煤的变质程度。

2. 煤的宏观物理性质及结构构造观察描述的内容和方法

(1)观察和比较不同煤化程度煤的物理性质。通过观察和比较煤的颜色、条痕色、光泽、内生裂隙、断口等物理性质(表3-1)，初步判断煤的变质程度。

(2)观察和描述煤的结构构造。仔细观察描述煤的原生结构和次生结构。常见的煤的原生结构主要包括条带状结构、线理状结构(＜1mm)、透镜状结构、均一状结构、木质状结构、纤维状结构、粒状结构、叶片状结构。

仔细观察和描述煤的构造。根据有无层理显示，煤的构造分为层状构造和块状构造，其中层状构造按层理形态又分为水平层理、波状层理和斜层理，而煤中水平层理最为常见。

3. 煤的宏观物理性质及结构构造观察描述的实验仪器和材料

煤岩样品手标本、瓷板、刻度尺等。

4. 煤的宏观物理性质及结构构造观察描述的步骤

(1)煤岩手标本的准备。从煤岩标本库中各选取 6～10 块褐煤、长焰煤、气煤、肥煤、焦煤、瘦煤、贫煤和无烟煤手标本，要求这些手标本具有典型的不同煤种的宏观物理性质、结构和构造。

(2)煤岩手标本的观察和描述。系统观察和描述不同煤种煤的宏观物理性质(颜色、条痕色、光泽、裂隙、断口等)、结构和构造，总结不同煤种煤的宏观物理性质、结构和构造的异同点；根据需要，选择典型宏观物理特征进行素描图绘制。

(3)未知煤岩手标本的鉴定。从煤岩标本库中随机选取 3～4 块煤岩样品，进行宏观物理性质、结构和构造的系统观察和描述，对典型特征进行素描，并鉴定煤化阶段。

5. 煤的宏观物理性质及结构构造观察描述的注意事项

(1)观察煤的光泽特征时，要注意在新鲜的断面上进行观察。在详细描述时，可进一步用强弱或亮、暗来区分光泽的变化。

(2)比较不同煤化程度煤的条痕色时要以镜煤或光亮煤为标准,在瓷板上划条痕要注意用力大小一致。

(3)浸湿过的煤颜色变深,对比煤的颜色时要以干燥煤为标准。

(4)由于光亮煤中的内生裂隙在相同煤化阶段煤中的数目较为稳定,因此常以光亮煤的内生裂隙作为煤的煤化程度的指标。

(5)在一种煤岩类型中,出现两种以上复杂结构时,可按主要两种结构来命名,如透镜-条带状、条带-线理状等。在这种结构命名中,分布区域以后者为主,前者为辅。

第四章 宏观煤岩类型的鉴定

煤的宏观煤岩组分的观察和描述以及宏观煤岩类型的鉴定在煤的成因研究、煤炭资源勘探、煤质评价及煤成烃评价等方面具有重要意义。按成煤植物类型可将煤分为高等植物形成的腐植煤、低等植物形成的腐泥煤和过渡类型的腐植腐泥煤。由于腐泥煤和腐植腐泥煤多为块状,结构比较单一,很难区分出不同的岩石类型。腐植煤由于明显的不均一性和条带状结构表明其物质组成明显的差异性,因此,宏观煤岩类型的划分主要针对腐植煤类。

第一节 腐植煤的宏观煤岩组分

宏观煤岩组分是用肉眼可以区分煤的基本组成单元。英国煤岩学家 Stopes(1919)在条带状烟煤中首先分出镜煤、亮煤、暗煤、丝炭4种宏观煤岩成分,也称为宏观煤岩组分。据此,1955年国际煤岩学委员会(International Commission of Coal Petrology,ICCP)明确将煤划分出4种肉眼可见组分:镜煤、亮煤、暗煤、丝炭,并规定宏观煤岩组分的最小分层厚度为3~5mm。其中镜煤和丝炭是简单的煤岩成分,暗煤和亮煤是复杂的煤岩成分。

1. 镜煤(Vitrain)

镜煤是煤中颜色最深和光泽最强的煤岩成分,其质地纯净、结构均一,以贝壳状断口和垂直于条带的内生裂隙发育为显著特征。内生裂隙面常具眼球状特征,有时裂隙面上有方解石或黄铁矿薄膜。镜煤性脆,易破碎成棱角状的立方体或者多面体小块。镜煤在煤层中常呈凸镜状或条带状,有时呈线理状存在于亮煤和暗煤中,与其他煤岩类型界限明显。

镜煤主要是由植物的木质纤维组织经凝胶化作用转变而成。显微镜下观察,镜煤的显微组分组成主要包括胶质结构体或镜质结构体等镜质体组分,具均一结构或植物细胞结构。镜煤的挥发分产率和氢含量高,具有强的焦化黏结性。

2. 丝炭(Fusain)

丝炭外观像木炭,颜色暗黑,具明显的纤维状结构和丝绢光泽,疏松多孔,硬度小,脆度大,易碎污手。丝炭的胞腔有时被矿物质充填形成矿化丝炭,而矿化丝炭坚硬致密、密度较大。

在煤层中，丝炭常呈扁平状透镜体或线理状沿煤层的层理面分布，厚度多在1mm至几毫米之间，有时能形成不连续的薄层。显微镜下观察，丝炭主要由丝质体、半丝质体等组成。丝炭的挥发分产率和氢含量低，没有黏结性，因此丝炭是工艺用煤的有害组分。由于孔隙度大、吸水性强，丝炭易于发生氧化和自燃。

3. 亮煤(Clarain)

亮煤的光泽仅次于镜煤，一般呈黑色、较脆易碎，断面比较平坦，有时也有贝壳状断口。亮煤的均一程度不如镜煤，表面隐约可见微细层理。亮煤中内生裂隙较为发育。

在煤层中，亮煤是最常见的宏观煤岩成分，常呈较厚的分层或者透镜状产出，有时甚至组成整个煤层。显微镜下观察，亮煤显微组分组成也比较复杂，以镜质体为主，含一定数量的惰质体和类脂体。与暗煤相比，亮煤中的镜质体较多，类脂体及惰质体次之。亮煤的各种物理化学工艺性质介于镜煤和暗煤之间。

4. 暗煤(Durain)

暗煤的光泽暗淡，颜色暗黑，致密坚硬、韧性强，相对密度大，不易破碎，断面比较粗糙，呈不规则状或平坦状，内生裂隙不发育。在煤层中，暗煤是常见的宏观煤岩成分，常呈厚薄不等的分层或单独成层出现在煤层中。

显微镜下观察，暗煤的显微组分组成相当复杂，一般镜质体含量较少，而类脂体或惰质体含量较多，矿物质含量也较多。通常情况下富含类脂体的暗煤，略带油脂光泽，挥发分产率和氢含量较高，黏结性好，用途较广；富含惰质体的暗煤略带丝绢光泽，挥发分产率低，黏结性弱；富含矿物质的暗煤密度大，灰分产率高；富含惰质体或矿物质的暗煤煤质较差。

第二节 腐植煤的宏观煤岩类型

煤的宏观煤岩类型观察和描述是微观上详细地研究煤的物质组成及其垂向变化的基础，在煤的成因研究、煤炭资源勘探、煤质评价及煤成烃评价等方面具有重要意义。

宏观煤岩类型是按煤的总体相对光泽强度来划分的，是宏观煤岩成分的自然共生组合的反映。按宏观煤岩成分的组合及其反映出的平均光泽强度来划分，烟煤可分为4种宏观煤岩类型，即光亮煤、半亮煤、半暗煤和暗淡煤(表4-1)。

1. 光亮煤

光亮煤是光泽最强的宏观煤岩类型，与镜煤的光泽相近，镜煤和亮煤等光亮成分的含量大于80%。结构近乎均一，一般条带状结构不明显。内生裂隙发育，常见贝壳状断口。脆度大，机械强度小，易破碎。

显微镜下观察，光亮煤中镜质体含量一般在80%以上（表 4-1），显微煤岩类型以微镜煤为主。

表 4-1　烟煤宏观煤岩类型的划分指标与主要鉴定特征［据《烟煤的宏观煤岩类型分类》(GB/T 18023—2000)］

宏观煤岩类型	分类指标			鉴定特征		
	相对平均光泽强度	镜煤+亮煤含量/%	镜质体含量/%	内生裂隙	断口	结构
光亮煤	强	>80	>80	发育	贝壳状	均一状
半亮煤	较强	>50～80	>60～80	较发育	阶梯状、参差状	条带状
半暗煤	较弱	>20～50	>40～60	不发育	棱角状、参差状	条带-线理状
暗淡煤	微弱	≤20	≤40	不发育	平坦状、粒状、棱角状	线理状、块状

2. 半亮煤

半亮煤的光泽强度仅次于光亮煤，镜煤和亮煤含量为50%～80%，以亮煤为主，夹有暗煤和丝炭，一般由较光亮和较暗淡条带互层而显示出半亮的平均光泽。半亮煤是最常见的煤岩类型，其最大特点是条带状结构极为明显，内生裂隙较发育，常见阶梯状和参差状断口。

显微镜下观察，镜质体含量60%～80%，矿物质含量较光亮煤多，显微煤岩类型以微镜煤、微亮煤、微镜惰煤为主。

3. 半暗煤

半暗煤的光泽较弱，成分以暗煤为主，镜煤和亮煤含量为20%～50%，镜煤和丝炭呈细条状、透镜状和线理状分布。它常由光泽较暗淡的均一状或粒状结构的部分和少量比较光亮的条带和线理组成。内生裂隙不发育，一般为棱角状断口和参差状断口。比较坚硬，韧性强，密度较大。

显微镜下观察，一般镜质体含量为40%～60%，矿物质含量较高。显微煤岩类型以微亮煤、微镜惰煤和微三合煤为主，微矿质煤含量相对较高。

4. 暗淡煤

暗淡煤的光泽十分暗淡，主要由暗煤组成（也有以丝炭为主的暗淡煤，如我国西北中生代煤），镜煤和亮煤含量低于20%。它的结构特点与半暗煤相似，但光亮的条带和线理更少。内生裂隙不发育，断口常呈平坦状或粒状或棱角状。质地坚硬，致密，韧性强，密度大。

显微镜下观察，一般镜质体含量小于40%，惰质体含量可达50%以上。含矿物质最高，显微煤岩类型以微亮煤、微镜惰煤和微三合煤为主，具有高的微矿质煤含量。矿物质一般呈细分散状态，不易洗选，煤质较差。

第三节　宏观煤岩类型的鉴定方法

1. 宏观煤岩类型鉴定的主要目的

在掌握煤的主要物理性质及结构、构造特征的基础上,描述腐植煤的各种宏观煤岩组分特征,掌握宏观煤岩类型的划分及鉴定方法。

2. 宏观煤岩类型鉴定的主要内容与方法

(1)熟悉镜煤、亮煤、丝炭和暗煤4种宏观煤岩组分的肉眼鉴定特征。宏观煤岩组分是用肉眼可以区分煤的基本组成单元,可划分出4种肉眼可见的组分,即镜煤、丝炭、亮煤和暗煤。其中镜煤和丝炭是简单的煤岩组分,亮煤和暗煤是复杂的煤岩组分。通常宏观煤岩组分的最小分层厚度为3~5mm。

(2)掌握宏观煤岩类型鉴定的基本方法。宏观煤岩类型是按煤的总体相对光泽强度来划分的,是宏观煤岩组分的自然共生组合的反映。按宏观煤岩组分的组合及其反映出的平均光泽强度来划分,烟煤可分为4种宏观煤岩类型,即光亮煤、半亮煤、半暗煤和暗淡煤,其主要鉴定特征见表4-1。

3. 宏观煤岩类型鉴定的实验仪器和材料

煤岩样品手标本、瓷板、刻度尺等。

4. 宏观煤岩类型鉴定的步骤

(1)煤岩手标本的准备。从煤岩标本库中选取一些宏观煤岩组分典型的手标本以备学生观察。

(2)宏观煤岩组分的观察和描述。系统观察和描述不同宏观煤岩组分的宏观物理性质(颜色、条痕色、光泽、裂隙、断口等)等,总结鉴定其标志;选择典型样品进行素描图绘制。

(3)宏观煤岩类型的鉴定。选取多块煤岩手标本,依据相对平均光泽强度以及镜煤＋亮煤的含量,综合判断宏观煤岩类型,对典型特征进行素描。

5. 宏观煤岩类型鉴定的注意事项

(1)岩石类型主要是根据其相对光泽强度并考虑了其他物理标记来划分的。因此,在划分岩石类型时必须用对比的方式。

(2)煤的光泽取决于煤化程度,因而对煤化程度有显著差别的煤来说,相同岩石类型的光泽强度是不同的。

(3)在一个矿区划分岩石类型时,应首先找到同一变质阶段的镜煤(光泽最强)或光亮煤作为比较相对光泽强度的标准。

(4)宏观煤岩类型分层最小厚度为 3~10cm,一般采用 5cm,夹矸厚度大于 2cm 的,应单独分层。

(5)由于构造、风化等原因,煤被严重破坏,且本身的光泽、结构特征均无法识别时,则不分上述岩石类型而根据实际状态称为粉状煤或鳞片状煤等。

第五章 显微煤岩组分的鉴定

第一节 煤的显微组分的分类

一、显微组分的分类方案

煤的显微组分是指在显微镜下可以区别和辨认的煤的基本组成成分。煤按其成分的不同,可以分为有机显微组分和无机显微组分两大类。有机显微组分指显微镜下观察到的煤中由植物残体转变而成的显微组分。无机显微组分指在显微镜下观察到的煤中矿物质。通常所说的煤的显微组分是指煤的有机显微组分,而将煤的无机显微组分称为煤中矿物质。

国际煤岩学委员会(ICCP)的显微组分分类是国际上广泛应用的分类,按其修订和发表的时间主要包括新、旧两种分类方案,即 Stopes Heerlen 分类方案和 ICCP System 1994 分类方案(表5-1、表5-2)。

表5-1 国际煤岩学委员会显微组分分类方案(Stopes Heerlen 分类方案)

显微组分组 (Maceral Group)	显微组分 (Maceral)	亚显微组分 (Submaceral)	显微组分变种 (Maceral Variety)
镜质组 (Vitrinite)	结构镜质体 (Telinite)	结构镜质体1(Telinite 1) 结构镜质体2(Telinite 2)	科达木结构镜质体(Cordaitotelinite) 真菌质结构镜质体(Fungotelinite) 木质结构镜质体(Xylotelinite) 鳞木结构镜质体(Lepidophytotelinite) 封印木结构镜质体(Sigillariotelinite)
	无结构镜质体 (Collinite)	均质镜质体(Telocollinite) 胶质镜质体(Gelocollinite) 基质镜质体(Desmocollinite) 团块镜质体(Corpcollinite)	
	碎屑镜质体 (Vitrodetrinite)		

续表 5-1

显微组分组 (Maceral Group)	显微组分 (Maceral)	亚显微组分 (Submaceral)	显微组分变种 (Maceral Variety)
壳质组/稳定组 (Exinite)	孢子体 (Sporinite)		薄壁孢子体(Tenuisporinite) 厚壁孢子体(Crassisporinite) 小孢子体(Microsporinite) 大孢子体(Macrosporinite)
	角质体 (Cutinite)		
	木栓质体 (Suberinite)		
	树脂体 (Resinite)		
	渗出沥青体 (Exsudatinite)		
	沥青质体 (Bituminite)		
	藻类体 (Alginite)	结构藻类体(Telalginite)	皮拉藻类体(Pila-Alginite) 伦奇藻类体(Reinschia-Alginite)
		层状藻类体(Lamialginite)	
	荧光体 (Fluorinite)		
	碎屑壳质体 (Liptodetrinite)		
惰质组 (Inertinite)	微粒体 (Micrinite)		
	粗粒体 (Macrinite)		
	半丝质体 (Semifusinite)		
	丝质体 (Fusinite)	火焚丝质体(Pyrofusinite) 氧化丝质体(Degradofusinite)	
	菌类体 (Sclerotinite)	真菌菌质体(Fungosclerotinite)	薄壁菌质体(Plectenchyminite) 浑圆菌类体(Corposclerotinite) 假浑圆菌质体(Pseudo Corposclerotinite)
	碎屑惰性体 (Inertodetrinite)		

注:引自 Stach 1982 年撰写的《煤岩学教程》,并按 ICCP System 1987 有关规定进行增补。

表 5-2 "ICCP System 1994"中镜质体、惰质体、腐植体和类脂体分类方案(据代世峰等,2021a～d)

显微组分组 (Maceral Group)	显微组分亚组 (Maceral Subgroup)	显微组分 (Maceral)
镜质体 (Vitrinite)	结构镜质体 (Telovitrinite)	镜质结构体(Telinite)
		胶质结构体(Collotelinite)
	凝胶镜质体 (Gelovitrinite)	团块凝胶体(Corpogelinite)
		凝胶体(Gelinite)
	碎屑镜质体 (Detrovitrinite)	胶质碎屑体(Collodetrinite)
		镜质碎屑体(Vitrodetrinite)
惰质体 (Inertinite)		丝质体(Fusinite)
		半丝质体(Semifusinite)
		真菌体(Funginite)
		分泌体(Secretinite)
		粗粒体(Macrinite)
		微粒体(Micrinite)
		碎屑惰质体(Inertodetrinite)
类脂体 (Liptinite)		角质体(Cutinite)
		木栓质体(Suberinite)
		孢子体(Sporinite)
		树脂体(Resinite)
		渗出沥青体(Exsudatinite)
		叶绿素体(Chlorophyllinite)
		藻类体(Alginite)
		类脂碎屑体(Liptodetrinite)
		沥青质体(Bituminite)
腐植体 (Huminite)	结构腐植体 (Telohuminite)	木质结构体(Textinite)
		腐木质体(Ulminite)
	碎屑腐植体 (Detrohuminite)	细屑体(Attrinite)
		密屑体(Densinite)
	凝胶腐植体 (Gelohuminite)	团块腐植体(Corpohuminite)
		凝胶体(Gelinite)

值得注意的是，与 Stopes Heerlen 分类方案相比，新的"ICCP System 1994"分类体系中引入了显微组分亚组，采用显微组分组、显微组分亚组和显微组分的分类系统；组的分类是依据组分的反射率，亚组的分类是依据组分被破坏的程度，而显微组分的分类是依据组分的形态或凝胶化程度。而且"ICCP System 1994"分类体系中惰质体和类脂体分类适用于所有煤化作用程度的煤和变质程度的沉积岩中的分散有机质；镜质体分类通常适于中阶煤（烟煤，bituminous coal）和高阶煤及其相应变质程度沉积岩中的分散有机质；腐植体分类适用于低阶煤（$R_r<0.5\%$）及其相应变质程度沉积岩中的分散有机质。

中国烟煤显微组分分类是总结了中国煤岩工作的经验，以《国际煤岩学手册》中显微组分定义和分类为基础，并参考国际硬煤显微组分分类方案（即 Stopes Heerlen 分类方案）制定的。截至目前最新的相关国家标准为 2013 年正式发布的《烟煤显微组分分类》（GB/T 15588—2013），采用成因与工艺性质相结合的原则，以显微镜油浸反射光下的特征为主，结合透射光和荧光特征进行分类。首先根据煤中有机组分的颜色、反射力、突起、形态和结构特征，划分出镜质组、惰质组和壳质组 3 个显微组分组；再根据细胞结构保存程度、形态、大小及光性特征的差别，将 3 个显微组分组又进一步划分出 20 个显微组分、14 个显微亚组分（表 5-3）。

表 5-3　中国烟煤的显微组分分类（《烟煤显微组分分类》GB/T 15588—2013)

显微组分组 (Maceral Group)	代号 (Symbol)	显微组分 (Maceral)	代号 (Symbol)	显微亚组分 (Submaceral)	代号 (Symbol)
镜质组 (Vitrinite)	V	结构镜质体(Telinite)	T	结构镜质体 1(Telinite 1)	T1
				结构镜质体 2(Telinite 2)	T2
		无结构镜质体(Collinite)	C	均质镜质体(Telocollinite)	TC
				基质镜质体(Desmncohinite)	DC
				团块镜质体(Corpocollinite)	CC
				胶质镜质体(Gelocollinite)	GC
		碎屑镜质体(Vitrodetrinite)	VD	—	—
惰质组 (Inertinite)	I	丝质体(Fusinite)	F	火焚丝质体(Pyrofusinite)	PF
				氧化丝质体(Degradofusinite)	OF
		半丝质体(Semifusinite)	Sf	—	—
		真菌体(Funginite)	Fu	—	—
		分泌体(Secretinite)	Se	—	—
		粗粒体(Macrinite)	Ma	粗粒体 1	Ma1
				粗粒体 2	Ma2
		微粒体(Micrinite)	Mi	—	—
		碎屑惰质体(Inertodetrinite)	ID	—	—

续表 5-3

显微组分组 (Maceral Group)	代号 (Symbol)	显微组分 (Maceral)	代号 (Symbol)	显微亚组分 (Submaceral)	代号 (Symbol)
壳质组 (Exinite)	E	孢粉体(Sporinite)	Sp	大孢子体(Macrosporinite)	MaS
				小孢子体(Microsporinite)	MiS
		角质体(Cutinite)	Cu	—	—
		树脂体(Resinite)	Re	—	—
		木栓质体(Suberinite)	Sub	—	—
		树皮体(Barkinite)	Ba	—	—
		沥青质体(Bituminite)	Bt	—	—
		渗出沥青体(Exsudatinite)	Ex	—	—
		荧光体(Fluorinite)	Fl	—	—
		藻类体(Alginite)	Alg	结构藻类体(Telalginite)	TA
				层状藻类体(Lamalginite)	LA
		碎屑类脂体(Liptodetrinite)	LD	—	—

对于镜质体的分类,我国国家标准《烟煤显微组分分类》(GB/T 15588—2013)将均质镜质体、基质镜质体和胶质镜质体和团块镜质体划入无结构的显微亚组分(表 5-3);而"ICCP System 1994"将胶质结构体(相对应于前者的均质镜质体)划入有结构的显微组分亚组(结构镜质体亚组)中,将胶质碎屑体(相对应于前者的基质镜质体)划入具有碎屑特征的显微组分亚组中(碎屑镜质体亚组),将凝胶体(相对应于前者的胶质镜质体)和团块凝胶体(相对应于前者的团块镜质体)划入具有凝胶特征的显微组分亚组(凝胶镜质体亚组)中(表 5-2)。

对于惰质体的分类,国家标准《烟煤显微组分分类》(GB/T 15588—2013)和"ICCP System 1994"分类方案的主要区别是:前者采用了显微组分组、显微组分和显微亚组分 3 个级别的分类方案(表 5-3),后者只有显微组分组和显微组分(表 5-2),但两者所对应的惰质体显微组分是一致的,即都包含丝质体、半丝质体、真菌体、分泌体、粗粒体、微粒体和碎屑惰质体。而在我国的国标分类方案中,根据成因和反射色不同将丝质体分为火焚丝质体和氧化丝质体两个亚组分;根据细胞结构形态将粗粒体分为粗粒体 1 和粗粒体 2 两个亚组分(表 5-3)。火焚丝质体是指植物或泥炭在泥炭沼泽发生火灾时,受高温炭化热解作用转变形成的丝质体;其细胞结构清晰,细胞壁薄,反射率和突起很高,油浸反射光下为亮黄白色。与火焚丝质体相比,氧化丝质体细胞结构保存较差,反射率和突起稍低,油浸反射光下为亮白色或白色。粗粒体 1 在油浸反射光镜下为灰白色,具有一定外形棱廓;粗粒体 2 在油浸反射光镜下为亮白色或亮黄白色,呈无定形基质状《烟煤显微组分分类》(GB/T 15588—2013)。

对于类脂组的分类,我国国家标准《烟煤显微组分分类》(GB/T15588—2013)和"ICCP System 1994"相比,前者采用了显微组分组、显微组分和显微亚组分 3 个级别的分类方案,后者同壳质组,只有显微组分组和显微组分(表 5-3)。对于显微组分的划分,"ICCP System

1994"分类方案中有叶绿素体,并将荧光体作为树脂体的一种。国家标准《烟煤显微组分分类》(GB/T 15588—2013)有树皮体和荧光体,没有叶绿素体,并明确地划分出显微亚组分(如孢粉体分为大孢子体和小孢子体,藻类体分为结构藻类体和层状藻类体)。关于树皮体,是中国一些煤中特有的组分,很多研究认为树皮体可能来源于植物茎和根的皮层组织,细胞壁和细胞腔的充填物皆木栓化(韩德馨,1996;Sun,2002,2003;Wang et al.,2017)。在油浸反射光下,树皮体呈灰黑色至深灰色,低突起或微突起。树皮体有多种保存形态,常为多层状,有时为多层环状或单层状等。在纵切面上,可见树皮体由扁平长方形细胞叠瓦状排列而成,呈轮廓清晰的块状;在水平切面上,树皮体呈不规则的多边形;在透射光下,树皮体呈柠檬黄色、金黄色、橙红色和红色。树皮体具有明显的亮绿黄色、亮黄色至黄褐色荧光,各层细胞的荧光强度不同,荧光色差异较大。但ICCP尚未承认树皮体这一显微组分,国际上有些学者对此显微组分也存在争议(Hower et al.,2007;Mastalerz et al.,2015)。

对于腐植组的分类,由于我国没有低阶煤中腐植体的显微组分分类方案,因此"ICCP System 1994"中关于腐植体的显微组分的定义和分类方案对我国学者更具有特殊的意义。这2种分类方案各有特色,国内研究者均可以采用,但是国内研究者在与国际学者交流时,建议采用"ICCP System 1994"分类方案,以方便交流(代世峰等,2021a)。

二、显微组分的成因及鉴定特征

1. 镜质体(Vitrinite)

镜质体是腐植煤中最主要的显微组分。在低煤化烟煤中,镜质体的透射光色为橙—橙红色,反射光下为灰色,无突起,油浸反射光下呈深灰色;随着煤级增高,反射色变浅,在高煤化烟煤和无烟煤中呈白色。

根据植物组织的破坏程度,将镜质体显微组分分为3个亚组,即结构镜质体亚组、碎屑镜质体亚组和凝胶镜质体亚组;根据成煤物质凝胶化作用的程度和特定的形貌特征,将每个亚组分为2种显微组分,其中结构镜质体亚组包括镜质结构体和胶质结构体,凝胶镜质体亚组包括团块凝胶体和凝胶体,碎屑镜质体亚组包括胶质碎屑体和镜质碎屑体(表5-2)。

1)结构镜质体(Telovitrinite)

结构镜质体是指显微镜下显示植物细胞结构的镜质体(指细胞壁部分),在反射光下细胞结构明显可见或不明显(ICCP,1998)。结构镜质体起源于由木质素和纤维素组成的草本和树木植物的根、茎、树皮和叶的薄壁和木质组织。低阶煤中的结构镜质体的前身是结构腐植体(Telohuminite)。

结构镜质体亚组由镜质结构体(Telinite)和胶质结构体(Collotelinite)组成,由于它们经历不同地球化学凝胶化作用程度(镜煤化程度)而易于鉴别(代世峰等,2021b)。镜质结构体由具有基本完整植物组织并易于识别的细胞壁构成,与Stopes Heerlen分类方案中的结构镜质体对应。而胶质结构体基本上不显结构,细胞结构可用化学浸蚀法揭示(韩德馨,1996;代世峰等,2021b),在切片中大致均质的顺层理展布,空间延展范围较大(ICCP,1998),对应于与 Stopes Heerlen 分类方案中的均质镜质体。

镜质结构体起源于由木质素与纤维素组成的草本和树木植物的根、茎的薄壁及木质组织细胞壁,其胞腔的大小、形状和闭合程度取决于原始成煤植物物质和切片方向。尽管细胞形状经常变化,但多为似球形或椭圆形(图5-1、图5-2)。少数镜质结构体的胞腔是空的,但由于细胞壁的膨胀,胞腔多呈闭合状,也可被其他显微组分或矿物充填,胞腔充填物通常为凝胶体(图5-1)、树脂体、团块凝胶体、微粒体、黏土和碳酸盐矿物。

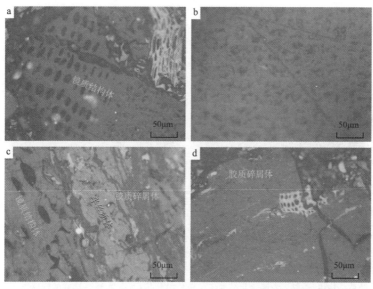

a~b.镜质结构体;c.镜质结构体、半丝质体与胶质碎屑体;d.胶质碎屑体。

图 5-1　煤中镜质结构体与胶质碎屑体(反射光)

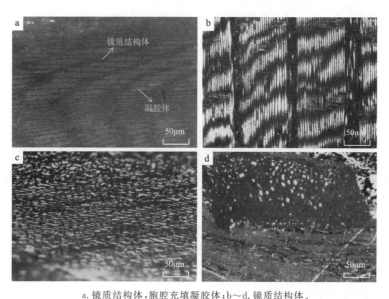

a.镜质结构体,胞腔充填凝胶体;b~d.镜质结构体。

图 5-2　煤中镜质结构体与胶质结构体(透射光)

胶质结构体同样起源于由木质素与纤维素组成的草本和树木植物的根、茎、树皮及叶的薄壁和木质组织。但由于这些成煤物质遭受了较强的凝胶化作用(镜质化作用)，细胞结构消失。常呈条带状或透镜状出现，时有垂直于层面的裂纹，纯净均一，轮廓清晰(图5-3)，反映来源于强凝胶化的植物组织。胶质结构体未显示细胞结构的原因之一是充填细胞腔的腐植凝胶与凝胶化的细胞壁的折光率、颜色很相似，因而在普通显微镜下难以区分。当用溶于硫酸的高锰酸钾溶液或铬酸浸蚀后，或用二碘甲烷作浸液并用专用物镜进行观察，或用放射性照射，仍能显示出原有的结构，称为隐结构显微组分(韩德馨，1996)。

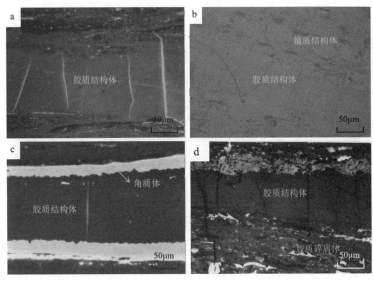

a.胶质结构体(透射光)；b.胶质结构体与镜质结构体(反射光)；c.胶质结构体与角质体(透射光)；d.胶质结构体与胶质碎屑体(反射光)。

图5-3 煤中胶质结构体与胶质碎屑体及角质体

2)凝胶镜质体(Gelovitrinite)

凝胶镜质体是由植物空隙中的镜质凝胶物质充填物组成的镜质体中的显微组分亚组(ICCP，1998)。凝胶镜质体亚组不限于特定的植物组织，多来源于在植物组织分解和成岩作用过程中，植物细胞内的物质或植物组织本身形成的腐植流体，随后以胶体凝胶方式在空洞中沉淀(代世峰等，2021b)。

凝胶镜质体亚组由团块凝胶体和凝胶体组成。团块凝胶体是指相互分离均质团块或均质的细胞充填物，是原位成因的细胞腔鞣质充填物或单独分布于煤和矿物基质中的孤立个体，与Stopes Heerlen分类方案中的团块镜质体对应。凝胶体是指微裂隙、内生裂隙或空隙中次生成因的均质的无结构充填物，与Stopes Heerlen分类方案中的胶质镜质体对应。

团块凝胶体主要来源于细胞内部物质，部分来源于鞣酸类物质。它也可能来源于细胞壁分泌物，或者由腐植流体形成的植物组织中的次生充填物构成，该充填物随后在泥炭化阶段或煤化作用早期阶段以凝胶形式沉淀(代世峰等，2021b)。团块凝胶体可原位沉淀于镜质结构体内，或者呈不连续状分布于植物组织降解的碎屑基质内。因此，团块凝胶体呈集合状分布,也可以单独个体出现。依据其方向,它的形态可呈圆形、椭圆形、长圆形或拉长状(图5-4)。充填在胞腔中的与呈集合状出现的团块镜质体的大小基本一致,与细胞腔的大小相近,多为20~100μm,而单独的团块镜质体可达150μm以上。

凝胶体起源于植物早期成岩的腐植凝胶或次生空隙充填沉淀胶体,也可由煤化作用晚期煤固结后的凝胶充填形成。凝胶体为次生成因,它可以在煤层的微断层中,以胶结糜棱化煤颗粒的基质形式出现,也可出现在镜质结构体、孢子体、真菌体、丝质体、半丝质体的细胞内(图5-2、图5-4)。它的大小及形态多样取决于所充填的空隙结构。

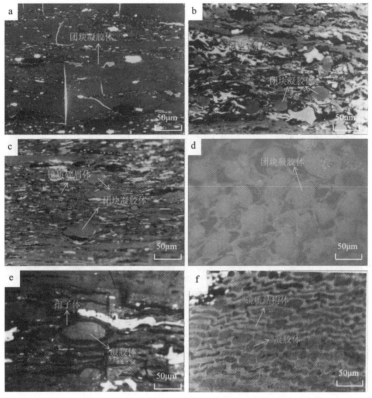

a.团块凝胶体(透射光);b.镜质碎屑体与团块凝胶体(反射光);c.镜质碎屑体与团块凝胶体(透射光);d.充填于镜质结构体胞腔的团块凝胶体(反射光);e.充填于孢子中的凝胶体(反射光);f.充填于结构镜质体胞腔的凝胶体(反射光)。

图5-4 煤中团块凝胶体与凝胶体

3)碎屑镜质体(Detrovitrinite)

碎屑镜质体是由孤立或被无定形镜质化物质胶结的镜质化的植物残骸碎屑组成的镜质体中的显微组分亚组(ICCP,1998)。通过化学和机械磨损作用,成煤植物的细胞结构可被分解。大量碎屑镜质体的存在,表明细胞结构遭到高度破坏(代世峰等,2021b)。

碎屑镜质体亚组由镜质碎屑体和胶质碎屑体组成。镜质碎屑体是清晰可见的镜质体颗粒,它们或孤立或被无定形镜质物质或矿物胶结,对应于Stopes Heerlen分类方案中的碎屑镜质体。胶质碎屑体是胶结其他煤成分的有时显示斑状结构的镜质基质(ICCP,1998),是镜质体的集合体或基质,由于凝胶化作用导致颗粒的边界无法辨认,对应于 Stopes Heerlen 分类方案中的基质镜质体。

镜质碎屑体来源于经过强烈分解的由木质素与纤维素组成的草本和树木植物的根、茎、树皮及叶的薄壁和木质组织,它在搬运沉积前或在沉积后经历了凝胶化作用。镜质碎屑体以分散的不同形状的小颗粒形式存在(图 5-4b、c)。圆形颗粒最大直径小于 $10\mu m$,呈线状的碎屑的短轴小于 $10\mu m$。离散状的赋存形态是鉴别镜质碎屑体的重要标志。

胶质碎屑体同样来源于由木质素与纤维素组成的草本和木本植物的根、茎、树皮及叶的薄壁和木质组织。泥炭堆积的初始阶段,原始植物组织因遭到强烈分解而被严重破坏,小颗粒被泥炭内腐植凝胶胶结,随后经凝胶化作用(镜煤化作用)而被均质化。它是由小于 $10\mu m$ 镜质体颗粒与无定形镜质物质组成的混合物(图 5-3d、图 5-5)。与镜质碎屑体不同,由于较高的均质化作用,胶质碎屑体中的成分颗粒在光学显微镜下不能清晰地辨认(代世峰等,2021b)。镜质碎屑体常被胶质碎屑体所胶结,有时也被凝胶体所胶结,由于其光性相似,不易区分,只有用二碘甲烷作为浸液进行观察,彼此才能区分(韩德馨,1996)。

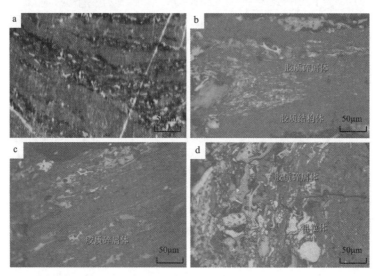

a. 胶质碎屑体(透射光);b. 胶质碎屑体与胶质结构体(反射光);c. 胶质碎屑体(反射光);d. 胶质碎屑体与粗粒体(反射光)。

图 5-5 煤中的胶质碎屑体

2. 惰质体(Inertinite)

在低、中阶煤和对应变质阶段的沉积岩中,惰质体显微组分的反射率比镜质体(Vitrinite)和类脂体(Liptinite)显微组分高(ICCP,2005),由于在焦化过程中大多数惰质体组分并不软化具惰性而得名。惰质体的反射率在 3 个显微组分组中是最高的,仅在高阶无烟煤阶段,镜质体和类脂体的最大反射率可超过惰质体;在同一煤层中,各种不同的惰质体组分的反射率值有相当大的变化。惰质体的透射色呈棕色、深棕色至黑色,其反射色由浅灰色、灰白色、白色到黄白色。惰质体具正突起,无荧光或具弱荧光(韩德馨,1996)。

惰质体显微组分的来源包括真菌或高等植物组织、细碎屑、胶凝的无定形物质及在泥炭化过程中经氧化还原作用和生物化学作用改变的细胞分泌物（代世峰等，2021c）。最近的研究发现，个别煤中惰质体可能来源于动物的排泄物粪便（Dai et al.，2012，2015a；Hower et al.，2013）。惰质体的成因多种多样，如植物组织的火焚、腐解和受真菌侵袭，以及煤化作用和氧化作用等，都可能导致惰质化（韩德馨，1996）。

在"ICCP System 1994"分类系统中，惰质体显微组分组不包含亚组，包含了丝质体、半丝质体、真菌体、分泌体、粗粒体、微粒体和碎屑惰质体 7 种显微组分，其中真菌体和分泌体与 Stopes Heerlen 分类方案中的菌类体对应，其他显微组分和旧分类方案中没有太大区别。

1) 丝质体(Fusinite)

与镜质体一样，丝质体主要来源于植物茎干、根、枝的木质部，但木质纤维素细胞壁遭受强烈丝炭化作用。某些煤中的丝质体，特别是在地层空间横向上延展的丝炭层中的丝质体，可能是源于野火而形成的火焚丝质体（Goodarzi，1985a；Scott，1989；Jones et al.，1991）。丝质体还可以在真菌和细菌的参与下使植物组织脱羧，或者通过脱水和风化而生成，也就是氧化丝质体（Varma，1996；Taylor et al.，1998）。

丝质体通常以分散的透镜体、薄层或条带赋存在煤中。在透射光下细胞壁为黑色，不透明（图 5-6a、b），反射光下突起高而反射力强，呈亮白色（图 3-6c～e）。丝质体中植物细胞结构保存很好，甚至胞间隙也清晰可见。丝质体既可以是规则的、保存完好的组织，呈"筛状结构"（图 5-6d），也可以是上述细胞组织的弧形碎片（当多个薄壁碎片聚集时出现弧形结构，图 5-6c）。丝质体可能显示出膨胀的细胞壁。根据植物来源、微生物破坏的程度和切片的方向，细胞腔显示出不同的大小和形状（图 5-6e）。丝质体的细胞腔通常是空的，但偶尔会充填凝胶体、渗出沥青体或矿物，如黏土或黄铁矿（Dai et al.，2015b；Liu et al.，2020）。

2) 半丝质体(Semifusinite)

半丝质体是指在同一煤层或沉积岩中反射率和结构介于腐植结构体/镜质结构体和丝质体之间的一种惰质体显微组分（ICCP，2001）。半丝质体来源于木本植物的茎以及叶片中的薄壁组织和木质部组织，这些组织由纤维素和木质素组成。木质纤维素细胞壁在泥炭阶段通过弱腐植化、脱水和氧化还原作用形成半丝质体。

半丝质体在反射光下的灰度为灰色至白色（图 5-6g、h），中突起，呈条带状、透镜状或不规则状，具细胞结构，有的呈现较清晰的、排列规则的木质细胞结构，有的细胞壁膨胀或仅显示细胞腔的残迹。即使在同一个煤颗粒中，胞腔的大小和形状也可能有所不同，但通常小于丝质体中相应组织的胞腔。如果半丝质体的胞腔闭合，则细胞壁通常不会显示清晰的轮廓。半丝质体的胞腔可能是空的或充填其他显微组分（如渗出沥青体）或矿物（如黏土矿物等。代世峰等，2021c）。

3) 真菌体(Funginite)

真菌体指的是煤和沉积岩中的真菌遗骸（ICCP，2001），来源于真菌孢子、菌核、菌丝和其他真菌组织。从泥盆纪到现在的泥炭、煤和沉积岩中都可能出现少量真菌体。真菌体它可与其他任何显微组分伴生，偶尔也富集成团块或富集成层（Stach，1982）。

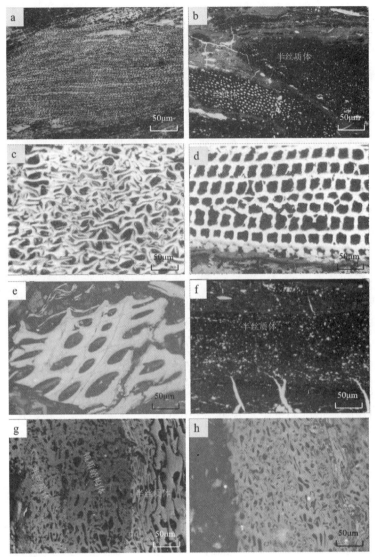

a.丝质体(透射光);b.丝质体与半丝质体(透射光);c~e.丝质体(反射光);f.半丝质体(透射光);g.半丝质体与镜质结构体(反射光);h.半丝质体(反射光)。

图 5-6 煤中的丝质体与半丝质体

在油浸反射光下,真菌体呈浅灰色至白色(图 5-7),黄白色较少见,中—高突起,显示真菌的形态和结构特征,无荧光。来源于真菌菌孢的真菌体,外形呈椭圆形、纺锤形,内部显示单细胞腔、双细胞腔或多细胞腔结构;形成于真菌核的真菌体,外形呈近圆形,内部显示蜂窝状或网状的多细胞结构。古近纪、新近纪及更年轻沉积物中的真菌体主要由圆形单细胞到椭圆形多细胞组成,根据细胞数量可将其分为单细胞真菌孢子、双细胞真菌孢子和多细胞真菌孢子、纺锤形的冬孢子和多细胞圆形的菌核。真菌体也以管状形式(菌丝)和细管结构(菌丝体和密丝组织)出现。

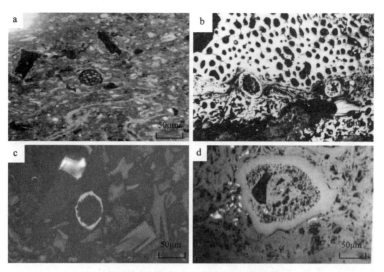

a. 真菌体(透射光); b~d. 真菌体(反射光)。

图 5-7 煤中的真菌体

4) 分泌体(Secretinite)

分泌体通常被认为是由树脂、丹宁等分泌物经丝炭化作用形成,因而常被称为氧化树脂体。但它也可能起源于腐植质凝胶(Lyons et al., 1986),其次形成于其他维管植物中的细胞和导管(代世峰等,2021c)。

分泌体油浸反射光下为灰白色、白色至亮黄白色,中高突起,形态多呈圆形、椭圆形,也可能以月牙形、多边形或不规则形状产出,大小不一,轮廓清晰(图 5-8a)。分泌体的横截面一般为 60~400μm,可小至 10μm,或长至 2000 多微米。分泌体可能有特征性裂隙,也可能有氧化边和内部裂隙(Lyons et al., 1982)。根据结构不同可分为无孔洞、有孔洞和具裂隙的 3 种。无孔洞的多为较小的浑圆状,表面光滑,轮廓清晰;有孔洞的往往具有大小相近的圆形小孔;具裂隙的则呈现出方向大约一致或不一致的氧化裂纹(韩德馨,1996)。

5) 粗粒体(Macrinite)

"ICCPSystem 1994"进一步将粗粒体定义常以无定形基质或以形态各异的、离散的、无结构块体出现的一种惰质体显微组分(ICCP,2001)。粗粒体可能来源于絮凝的腐植质基质,由短暂的地下水位下降,这些腐植基质物质在早期炭化过程中经历过脱水和氧化还原过程所致(Goodarzi,1985a;Diessel,1992)。粗粒体也可能是真菌和细菌的代谢产物,孤立存在的粗粒体的集合体可能来自粪化石(Stach,1982)。Dai 等(2012,2015a)在内蒙古胜利煤田白垩纪亚烟煤中发现成群出现的来自粪化石的粗粒体,认为低煤级煤中粗粒体可能形成于缓慢的泥炭火灾。Hower 等(2013)在内蒙古胜利煤田白垩纪亚烟煤中发现没有植物组织结构的粗粒体,认为煤中有的粗粒体是降解作用形成的显微组分。

粗粒体在透射光下呈黑色至黑褐色,油浸反射光下为灰白色、白色、淡黄白色,中—高突起。有的完全均一,有的隐约可见残余的细胞结构。通常在垂直于层理的切面上,粗粒体无特定形状,可呈不定形基质状、条带状或透镜状产出,也可呈大小不同的单独的浑圆形颗粒出现,最小直径一般大于 10μm(图 5-8b~f)。

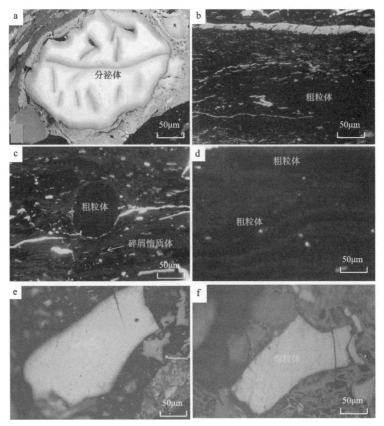

a. 分泌体(反射光);b. 粗粒体(透射光);c. 粗粒体与碎屑惰质体(透射光);d. 粗粒体(透射光);e～f. 粗粒体(反射光)。

图 5-8　煤中的分泌体与粗粒体

6)微粒体(Micrinite)

"ICCPSystem 1994"将微粒体定义为以很小的圆形颗粒存在的惰质体显微组分(ICCP, 2001)。在实际应用中,为了与惰质碎屑体区别开来,把微粒体最大尺寸定为 $2\mu m$(Diessel, 1992)。微粒体是中阶煤中的常见的显微组分,在低阶煤中较为罕见。微粒体在煤中以独立细小颗粒或颗粒集合体形式存在(代世峰等,2021c)。在微粒体集合体中,不同程度地共生有细分散黏土矿物(韩德馨,1996)。Faraj 等(1993)应用透射电镜及能谱分析对煤中微粒体的研究发现,微粒体富集区含有大量 Al、Si 和 O 元素,选区 X 射线衍射证实,与微粒体共生的是具有典型晶格参数的高岭石微晶。

微粒体在油浸反射光下呈浅灰色至灰白色,细小圆形或似圆形的颗粒,粒径一般在 $1\mu m$ 以下,不发荧光,突起微弱或不显突起。常聚集成小条带、小透镜状或细分散在无结构镜质体中(图 5-9a～c),也常充填于结构镜质体的胞腔内或呈不定形基质状出现。在同一煤样中,微粒体反射率比镜质体高但常低于惰质体中的其他显微组分。

7)碎屑惰质体(Inertodetrinite)

"ICCPSystem 1994"将碎屑惰质体定义为以细小的、呈分散状和不同形状的惰质体碎片形式存在的惰质体显微组分（ICCP，2001）。它为惰质体的碎屑成分，形态极不规则，由于粒度细小，难于确切识别其来源，大多是丝质体、半丝质体的碎片。

碎屑惰质体有不同植物组织来源，如植物细胞壁或其填充物、已分解组织中的鞣质（Taylor et al.，1998）、氧化孢子、真菌成分，它们都遭受过一定程度的丝炭化作用。有些碎屑惰质体来源于野火后泥炭的残骸（Goodarzi，1985b）。碎屑惰质体碎片的形状和棱角在一定程度上反映了分解压实前和分解压实过程中的丝炭化成分干燥程度、机械破碎程度和磨损程度（代世峰等，2021c）。

碎屑惰质体颗粒呈分散状以及颗粒大小是识别碎屑惰质体的重要标准（图5-8c、图5-9d）。短粗状的颗粒最大粒径小于 $10\mu m$，线状碎片的短轴尺寸小于 $10\mu m$。需要注意的是，粒径小于 $2\mu m$ 的颗粒应当鉴定为微粒体，而无论尺寸的大小，那些惰性的、孤立存在的并具完整细胞和"弧状结构"的弯曲细胞壁碎片属于丝质体，不能鉴定为惰质碎屑体（代世峰等，2021c）。

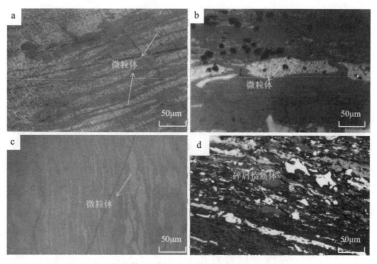

a～c. 微粒体（反射光）；d. 碎屑惰质体（反射光）。

图5-9　煤中的微粒体与碎屑惰质体

3. 类脂体（Liptinite）

类脂体在 ICCP 出版的《国际煤岩学手册》中也称为壳质组（Exinite）或稳定组（ICCP，1963，1971，1975，1993），而新的分类方案中采用类脂体这一术语（Liptinite，Pickel et al.，2017）。"ICCP System 1994"将类脂体定义为源自非腐植化的植物组织的一类显微组分（Taylor et al.，1998），包括孢粉素、树脂、蜡和脂肪等相对富氢的残余物。

在反射光下，类脂体呈深灰色至黑色，在透射光下，类脂体的颜色因煤级不同而有所变化，在挥发分产率大于35%的煤中为橙黄色，在挥发分产率为20%～35%的煤中为棕红色。同时，类脂体具有较强的荧光性：低阶煤中类脂体的荧光色为绿黄色（紫外光激发）或黄色（蓝光激发），较高阶煤中则为橙色。荧光强度随煤级的升高而降低，荧光色的波长也随之增加。类脂体反射率随煤级/热成熟度的升高而增大：当镜质体反射率 R_o 小于1.3%时，类脂体以其较低的反射率有别于其他显微组分;当镜质体反射率达到约1.3%时,类脂体与镜质体的反射率接近(代世峰等,2021d)。

类脂体起源于高等植物中孢粉外壳、角质层、木栓层等较稳定的器官、组织,树脂、精油等植物代谢产物,以及藻类、微生物降解物。植物的类脂物及蛋白质、纤维素和其他碳水化合物是类脂体典型的物源(韩德馨,1996)。

在"ICCP System 1994"分类系统中,类脂体显微组分组不包含亚组,但包含角质体、木栓质体、孢子体、树脂体、渗出沥青体、叶绿素体、藻类体、类脂碎屑体、沥青质体9种显微组分。与旧的分类方案相比,"ICCP System 1994"分类系统增加了叶绿素体,并将荧光体归为树脂体(表5-1、表5-2)。在该分类系统的基础上可以对显微组分进一步细分为亚组分,例如藻类体中的结构藻类体和层状藻类体、树脂体中的荧光体等。与之前的ICCP的旧分类(即Stopes Heerlen分类)相比,"ICCP System 1994"分类系统适合于所有煤阶的煤和分散有机质(代世峰等,2021d)。

1)角质体(Cutinite)

"ICCP System 1994"将角质体定义为由叶和茎的角质层形成的一种类脂体显微组分(Pickel et al.,2017)。角质体来源于植物的叶和嫩枝、幼芽、茎、果实的表皮所覆盖着的角质层。角质层是由植物表皮细胞向外分泌而形成的,具有保护植物,防止过度蒸发和防御病菌侵袭的作用(韩德馨,1996)。煤中大多数的角质层碎片源自树叶。此外,角质体的原始物质中还含有内胚层物质和胚珠的胚囊(代世峰等,2021d)。

显微镜下,在垂直于层理的方向上,角质体呈厚度不等的细长条带出现,外缘平滑,而内缘大多呈锯齿状(图5-10a~c);角质体有时呈断片平行层理分布,易与大孢子混淆(图5-10d~e);有时细长的角质体保存在叶肉组织所形成的叶镜质体周围,也有时被挤压成叠层状或盘肠状(图5-10c,f)。根据角质体的形状、锯齿状内缘及尖角状末端折曲,一般容易与大孢子体相区别。在反射光下,角质体在低阶煤中呈深灰色至黑色(比同一煤中的孢子体颜色略浅),部分呈红色,有时还有橙色的内反射色。在透射光下,角质体的颜色随煤级不同而有所变化,在挥发分产率大于35%的煤中为橙黄色,在挥发分产率为20%~35%的煤中为棕红色。角质体的荧光强度随煤阶的升高而降低,荧光色由浅到深为绿黄色(紫外光激发下有时偏蓝)或黄色(蓝光激发)(图5-10f~h)。

2)孢子体(Sporinite)

"ICCP System 1994"将孢子体定义为由孢子外膜(外壁和周壁层)构成的一种类脂体显微组分,其中的"孢子"包括孢子(狭义)和花粉粒。孢子体来自成煤植物的繁殖器官孢子和花粉,是由植物孢子和花粉的外壁与周壁层形成的。各门类孢子植物孢子的大小、外形不同。异孢植物一般雌性孢子个体较大,称为大孢子;雄性孢子个体小,称为小孢子。同孢植物有的孢子大小、外形彼此相似,且无雌、雄之分。

在反射光干物镜下,低阶煤中的孢子体为深灰色,锈褐色,偶尔为近黑色(图5-11a~c),油浸反射光下为灰黑色,中到高突起;随着煤级升高,孢子体在反射光下变为浅灰色,逐渐与镜质体类似,突起不明显。在透射光下,孢子体在低阶煤中呈浅黄—亮黄色,随着煤级升高逐

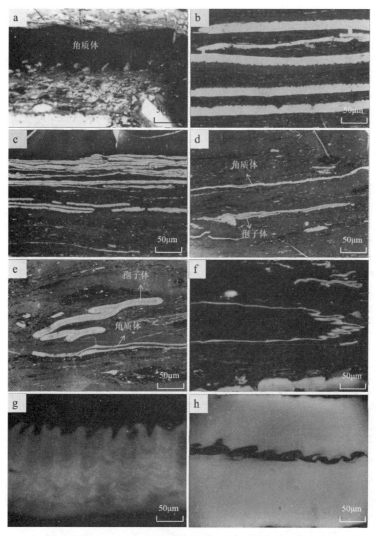

a. 角质体(反射光);b、c. 角质体(透射光);d、e. 角质体与孢子体(透射光);
f～h. 角质体(荧光)。

图 5-10 煤中的角质体与孢子体

渐变为金黄色、橙黄色和红色(图 5-11d～f)。孢子体的荧光色取决于煤级和植物种类。随着煤级升高,荧光强度也随之降低。当镜质体反射率约 1.3% 时,孢子体的荧光消失(代世峰等,2021d);紫外光激发下孢子体的荧光色呈蓝白色、黄白色、赭棕色;蓝光激发下孢子体的荧光色呈亮黄色、橙色、棕色(图 5-11g、h)。

孢子体的尺寸在 10～2000μm 的范围内。大孢子体在煤片中一般长度大于 100μm,鳞木的大孢子体个体很大,可达 3mm 以上。在煤片中大孢子体呈被压扁的扁平体,纵切面呈封闭的长环状,折曲处呈钝圆形,大孢子体外缘多半光滑,有时表面具有瘤状、棒状、刺状等各种纹饰。小孢子体一般小于 100μm,纵切面多呈扁环状,细短的线条状或蠕虫状或似三角形。有时小孢子体成堆出现,称为小孢子堆(韩德馨,1996)。

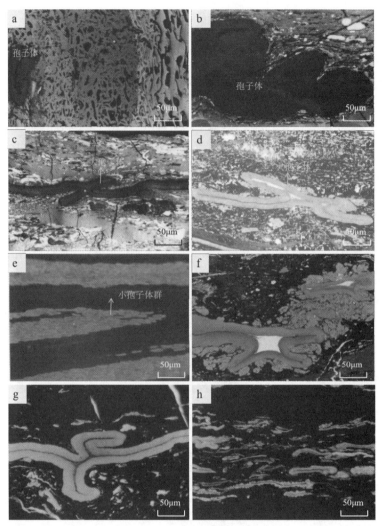

a~c. 孢子体（反射光）；d~f. 孢子体（透射光）；g、h. 孢子体（荧光）。

图 5-11　煤中的孢子体

3）木栓质体（Suberinite）

"ICCP System 1994"将木栓质体定义为煤化的细胞壁，它不同于结构腐植体亚组（telohuminite）的原因在于其具有类脂体特征，并且是由木栓化的细胞壁形成的（Pickel et al.，2017）。

木栓质体来源于树皮的木栓组织及根的表面和茎、果实上的木栓化细胞壁，尤其是树皮的周皮。周皮是由特定的次生分生组织的活动而形成的，这些次生分生组织形成于植物器官外围，使其厚度不断增加，被称为木栓形成层。绝大多数情况下，很多植物上老的柄、枝、茎、根、果实和鳞茎都被周皮层所覆盖。所有的种子植物以及部分蕨类植物受伤后也可形成木栓质层，即这些植物的伤口组织。木栓化可形成扩散屏障，因此木栓组织可起到防水层的作用。植物的茎干（树皮）、根和果实上均存在此现象（Tyson，1995）。木栓组织由多层扁平的长方形、砖状或不规则多边形(一般为 4~6 边)的木栓细胞组成,常以轮廓清晰的宽条状块体或碎片状出现,其中木栓化细胞壁为木栓质体,细胞腔多为团块镜质体(韩德馨,1996)。木栓化细胞壁由纤维素、木质化纤维素和木栓质组成,木栓质在木栓组织中含量达 25%~50%。现今的木栓质类似于角质,是一种非常特殊的高分子聚合物,含有芳烃和聚酯(Taylor et al.,1998)。

在反射光下,木栓质体几乎均为黑色、深灰色或中灰色,颜色变化与煤化程度有关;在透射光下,木栓质体呈淡黄色至金黄色、红色或棕色,取决于薄片厚度、煤化程度以及植物种类。显微镜下,多数木栓质体保持原有木栓细胞的形态和结构特征,常呈叠瓦状、鳞片状出现,轮廓清楚(图 5-12);少数情况下细胞结构隐约可见,当木栓质体碎片缺乏可辨识的结构时,则被归为类脂碎屑体。我国南方晚二叠世煤中木栓体分布普遍,江西乐平煤中木栓体高度富集,形成典型的树皮残植煤。

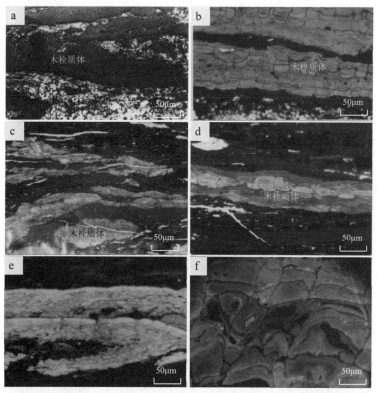

a. 木栓质体(反射光);b~d. 木栓质体(透射光);e、f. 木栓质体(荧光)。

图 5-12 煤中的木栓质体

4)树脂体(Resinite)

"ICCP System 1994"将树脂体定义为源自树脂和蜡,主要以原位细胞填充物或孤立体的形式存在于煤中的一种类脂体显微组分(Pickel et al.,2017)。树脂体来源于成煤植物的树脂和柯巴脂,以细胞分泌物的形式出现在植物的不同部位(树皮、树干、树叶等)、薄壁组织或髓射线细胞,以及裸子和被子植物的裂生或溶源性树脂导管中(Pickel et al.,2017)。树脂体也可以由树胶、胶乳、脂肪和蜡质形成(Taylor etal.,1998)。Teichmüller(1982)将树脂体按其来源和化学组成,分为萜烯树脂体和类脂树脂体两种。萜烯树脂体由树脂、树胶、硬树脂、胶乳和香精油形成,萜烯是较稳定的异戊二烯缩聚化合物;类脂树脂体由脂肪和蜡质形成,脂肪是含有不同脂肪酸的甘油酯的化学混合物,蜡质是高级脂肪酸与高级脂族醇的酯类。与萜烯树脂体相比,类脂树脂体通常不以填充植物胞腔的形式出现。大部分树脂体均来源于树脂。

"ICCP System 1994"将旧分类方案中的荧光体(Fluorinite)看作是树脂体的一种。这是因为树脂体的荧光强度变化很大,孤立的荧光体难以与树脂体进行区分。另外,植物学上认为形成荧光体的精油是一种低分子量的树脂(香脂介于两者之间),因此将荧光体归为树脂体的一种(图5-13f,代世峰等,2021d)。

显微镜下观察,树脂体在垂直切片中的形态为不同形状的离散个体,横截面呈圆形、椭圆形或纺锤形、杆状,有时呈弥散浸渍状或填充于镜质结构体胞腔,有时也呈分散状或分层状出现。树脂体油浸反射色深于孢子体和角质体,多为黑色至深灰色,一般不显示突起(图5-13a)。在透射光下,树脂体色较浅,多呈淡黄白色、柠檬黄色、黄色(图5-13b、c、f);树脂体通常具有环带状结构,低阶煤中树脂体的外部环带为浅灰色,内反射色通常为黄色、橙色或红色(代世峰等,2021d)。树脂体在紫外光激发下发蓝色到蓝绿色荧光,在蓝光激发下则发黄色、橙色到浅棕色荧光(图5-13d、e)。树脂体经较强的氧化而反射呈亮白色时,说明已变成惰质体。

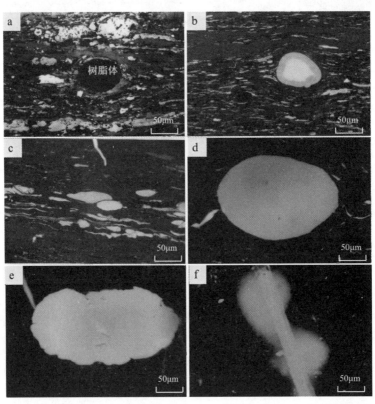

a. 树脂体(反射光);b、c. 树脂体(透射光);d、e. 树脂体(荧光);f. 荧光体("ICCP System 1994"将其归为树脂体,荧光)。

图5-13 煤中的树脂体

5）渗出沥青体（Exsudatinite）

"ICCP System 1994"将渗出沥青体定义为在煤化过程中生成并填充到孔隙中的（如裂隙、裂缝和其他孔洞等）一种次生显微组分（Pickel et al.，2017）。渗出沥青体是原始石油类物质的固体残留物，通常具有沥青特征，是由富氢成分（通常为类脂体和富氢镜质体）生成的。它与类脂体其他显微组分以及富氢镜质体的区别在于它与液态烃的生成密切相关（代世峰等，2021d）。

渗出沥青体存在于低、中阶烟煤以及热成熟度处于生油窗范围内的页岩中。只有当渗出沥青体与其他显微组分有明确继承关系，或在一些特殊位置产出时（例如在丝质体的胞腔中），才能将这一显微组分鉴定为渗出沥青体（代世峰等，2021d）。渗出沥青体多充填于裂隙或孔隙中，在蓝光激发下多为亮黄色或暗黄色（图5-14a）。

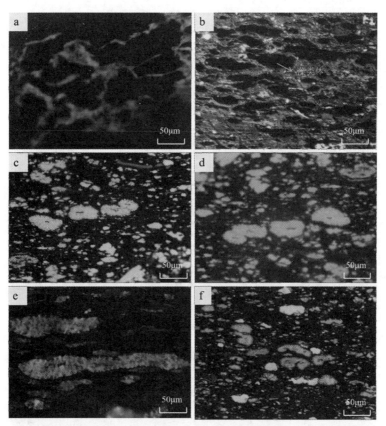

a.渗出沥青体（荧光）；b. 藻类体（反射光）；c、d. 藻类体（透射光）；e、f. 藻类体（荧光）。

图 5-14 煤中的渗出沥青体和结构藻类体

6）叶绿素体（Chlorophyllinite）

"ICCP System 1994"将叶绿素体定义为直径 $1\sim5\mu m$ 的小圆形颗粒，具有红色荧光特性的一种类脂体显微组分（Pickel et al.，2017）。在极少数情况下，例如藻类的叶绿素体直径可能达到 $100\mu m$。当其保存良好时，很容易通过红色荧光识别，但当其保存不完整时，通常会被鉴定为类脂碎屑体。在紫外光或蓝光激发后的几分钟，它的红色荧光将逐渐变为淡橙色（代世峰等，2021d）。

叶绿素体来源于叶绿素色素(基粒)和透明原生质物质(基质),由叶绿素基团的各种色素及其分解产物组成(代世峰等,2021d)。基粒和基质结合形成细小的叠层状构造,称为叶绿体。在高等植物中,它们主要呈透镜状或圆盘状,存在于叶片、幼茎、幼果等中。许多藻类含有形态迥异的叶绿素体。叶绿素体的主要部分在泥炭化作用发生之前就被破坏了,只有在强厌氧条件下和中低温气候下,叶绿素才能以叶绿素体的形式保存下来,因此叶绿素体主要存在于高度凝胶化的软褐煤以及藻泥/腐殖黑泥和其他腐泥中(Pickel and Wolf,1989),为褐煤、腐泥和泥炭沉积物的有机组成部分。

叶绿素体通常由小颗粒组成,在反射光下很难与类脂碎屑体区分开;在透射光下,当叶绿素体高度密集时,可以通过淡绿色的颜色识别出叶绿素体,但是这种微弱的颜色可能会被褐色的腐植质所掩盖(Potonié,1920)。

叶绿素体显示出强烈的血红色荧光,可依此准确鉴别颗粒很小的叶绿素体颗粒(图5-15a、b)(代世峰等,2021d)。叶绿素体的轻度分解可以引起其荧光颜色从血红色到玫瑰色以至乳白色的转变;在蓝光或紫外光辐射10~15min内,会使叶绿素体产生这种荧光颜色转变,这种变化是不可逆的(代世峰等,2021d)。

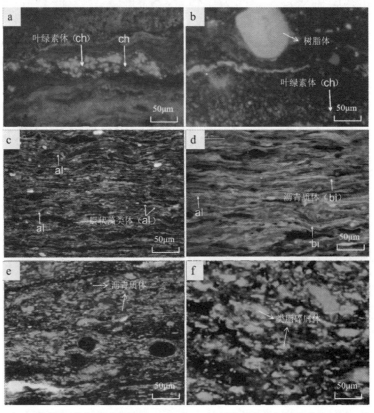

a、b. 叶绿素体(荧光,据代世峰等,2021d);c、d. 层状藻类体与沥青质体(荧光,据代世峰等,2021d);e. 沥青质体(荧光);f. 类脂碎屑体(荧光)。

图5-15 煤中的叶绿素体、沥青质体、层状藻类体与类脂碎屑体

7) 藻类体(Alginite)

藻类体是由单细胞生物或浮游和底栖的藻类形成的显微组分。藻类体是腐泥煤和一些油页岩的主要组分。根据形态,藻类体细分出结构藻类体和层状藻类体2种亚组分。

(1)结构藻类体(Telalginite)。

"ICCP System 1994"将结构藻类体定义为一种以离散的透镜状、扇形体或压扁的圆盘形式存在的藻类体,这些结构藻类体都有独特的外部形态,在大多数情况下,它们还具有内部结构。结构藻类体来源于群体藻类或厚壁单细胞藻类,藻类群体在纵切面上呈透镜状、扇形,纺锤形,在水平切面上呈近圆形。群体的外形清晰,边缘大多不平整,呈齿状,表面呈蜂窝状或海绵状,有时可见每个群体是由几百个管状单细胞组成,呈放射状排列,群体中部具空洞或裂口(韩德馨,1996)。代世峰等(2021d)指出结构藻类体来源于富含脂质的藻类,迄今确定的主要在浮游的绿藻纲(Chlorophyceae)中,如与塔斯马尼亚藻、黏球形藻、丛粒藻相关的结构藻类体。

在透射光下,结构藻类体颜色呈浅黄色至棕色,在很大程度上受其煤阶的影响(图5-14c、d);在油浸反射光下结构藻类体比孢子体颜色暗,呈灰黑色至暗黑色(图5-14b)。结构藻类体具突起,有时在抛光后易留下擦痕。结构藻类体有时具黄色、褐色或红色的内反射,并且由于自发荧光,在反射光下可能显示绿色。在紫外光/紫光/蓝光激发下,结构藻类体在低阶煤中发亮绿色至绿黄色荧光;当镜质体反射率在0.6%~0.9%时,结构藻类体荧光呈黄色至橙色;结构藻类体在高阶煤中的荧光色为暗橙色(图5-14e、f);而当镜质体反射率超过1.3%时,结构藻类体不发荧光。

(2)层状藻类体(Lamalginite)。

"ICCP System 1994"将层状藻类体定义为常以薄层状出现、典型的薄层厚度小于$5\mu m$、侧向宽度通常小于$80\mu m$的一种藻类体。多数层状藻类体来源于小的单细胞藻或薄壁浮游藻类,但是某些层状藻类体也可能来源于底栖藻类群体。层状藻类体在纵切面上呈细薄层状,或单独出现,或为其他组分互层,植物内部结构较难辨别(韩德馨,1996)。Hutton等(1980)认为,层状藻类体可分为两种类型:一种是单独存在的层状藻类体,厚度小于$5\mu m$,大多在$1\mu m$左右,长度可达$100\mu m$;另一种是由许多薄片状藻类遗体组成的薄层,藻类受到不同程度的生物降解或物理化学降解,以致轮廓已难以分辨,薄层厚度可达$20\mu m$长,在平行切片中有时可见薄层是由扁平的小浑圆体所组成。层状藻类体中最常见的种类是古近系和新近系中湖相成因的浮游藻类盘星藻属(*Pediastrum*)中的层状藻类体(Hutton,1982),在海相岩石中含有一些甲藻(dinoflagellate)和疑源类(acritarch)来源的层状藻类体(代世峰等,2021d)。

在透射光下,低阶煤中的层状藻类体是半透明的,通常与黏土矿物难以区别;在油浸反射光下通常无法辨认,没有内反射,在白光下不自发荧光。层状藻类体的抛光硬度适中,其正突起远小于结构藻类体。在紫外光/紫光/蓝光激发模式下,低阶煤中层状藻类体荧光色为绿黄色至橙色(图5-15c、d),在镜质体反射率为0.6%~0.9%时,荧光色为黄色至橙色,而较高阶煤中的层状藻类体的荧光色为暗橙色(代世峰等,2021d)。与结构藻类体相比,层状藻类体比较小,通常具有更高的长厚比值,荧光强度更低;与沥青质体相比,层状藻类体的反射率低而荧光性强(图5-15d)。

8) 沥青质体(Bituminite)

ICCP(1975)将"沥青质体"定义为褐煤中缺乏明确形状的类脂体显微组分。Teichmüller(1974)在石油烃源岩中将部分类脂体显微组分称为沥青质体,并定义了煤中的显微组分沥青质体(Stach et al.,1982)。"ICCP System 1994"将沥青质体定义为一种类脂体显微组分,在褐煤、烟煤和沉积岩的层理切面上,沥青质体既可以以细颗粒基质形式出现,也可以以薄层状、不规则纹理状、束状、鳞片状、荚状、线头状、条带状、貌似脉状的细长透镜体状、细粒浸染状等形式出现;在平行层理的切面上,沥青质体以较均匀的、弥散状的、形态各异的、等粒状的等形式赋存(代世峰等,2021d)。

沥青质体是腐泥煤和富壳质组分的微亮煤和微暗煤的典型显微组分,也是油页岩和其他海相和湖相石油烃源岩中占优势的显微组分。沥青质体主要是各种有机物质在缺氧和弱氧化条件下强烈降解的产物,通常认为其主要有机物质前身是藻类、浮游生物、细菌和较高等的动物(鱼、小虾等)(Cook,1982;Powell et al.,1982;Ramsden,1983;Kus et al.,2017)。沥青质体在生油和运移后,留下的固体残渣为微粒体。

在油浸反射光下,沥青质体为深棕色,深灰色,有时几乎是黑色的,成熟度较低时有内反射;在偏光下,颜色为黑色,很容易与低阶的矿物基质区分开。在透射光下,沥青质体呈橙色、红色或棕色(代世峰等,2021d)。沥青质体的内部结构可呈均质、条纹状、流体状、细粒状,通常仅在蓝光或紫光的激发下才能看到沥青质体的结构,内部细小颗粒在镜下常呈模糊的弥散状,大多无定形,呈细小的透镜状、线理状产出,或作为其他显微组分和矿物的基质存在(图5-15d,e),很软,难以抛光。在蓝光激发下,受煤的类型和煤阶影响,沥青质体的荧光颜色可以由淡黄色、浅橙色、浅棕色到深棕色变化(Creaney,1980;Teichmüller and Ottenjann,1977);在镜质体反射率$0.5<R_o<0.8\%$时,沥青质体荧光呈深褐色并带有红色;当$0.8<R_o<0.9\%$时不再发荧光,且在成熟度高时,由于沥青质体反射率与镜质体反射率接近而难以识别。

由于沥青质体是各种有机物的改造或降解产物,其光学性质,尤其是荧光性的变化范围较大。因此,可以在不同的烃源岩中区分出不同类型的沥青质体,例如在德国里阿斯统波西多尼亚页岩中可鉴别出沥青质体Ⅰ、Ⅱ和Ⅲ 3种类型,从Ⅰ类沥青质体到Ⅲ类沥青质体,生烃潜力逐渐降低,同时荧光强度亦逐渐降低(Teichmüller and Ottenjann,1977)。

9) 类脂碎屑体(Liptodetrinite)

"ICCP System 1994"将类脂碎屑体定义为各种类脂体的显微组分细小碎片的统称,与旧分类系统中的碎屑壳质体对应。由于它们的颗粒非常细小,不能准确鉴别它们是类脂体某个特定显微组分。

类脂碎屑体由机械分解或通过微生物作用产生的孢子、花粉、角质层、树脂、蜡质、角质化和木栓化的细胞壁、藻类等类脂体的显微组分的碎片或残骸组成,其颗粒只有几微米的大小,来源不明,形态各异,如呈棒状、尖锐碎片、线状、圆形等,呈圆形的类脂碎屑体的直径通常只有$2\sim3\mu m$。在反射光下,类脂碎屑体为黑色、深灰色或深棕色;当类脂碎屑体堆积成致密微层时,它具有褐色或淡红色的内反射。在透射光下,类脂碎屑体颜色为白色、黄色、红色或黄色。类脂碎屑体荧光强度变化很大,可以呈黄绿色、柚子黄色、黄色、橙色或浅棕色,主要受原始成煤物质、堆积环境、煤化程度以及切片方向等因素影响(代世峰等,2021d)。

4. 腐植体

"腐植体"一词最初由 Szadacky-Kardoss(1946)提出,用来描述褐煤(lignite)中一种具有结构的组分。1970 年该术语被 ICCP 采纳,作为褐煤的显微组分组之一。"ICCP System 1994"将腐植体定义为呈中灰色的反射率介于同一样品中较暗的类脂体和较亮的惰质体之间的一种显微组分组(Sykorova et al., 2005)。腐植体的颜色通常呈暗灰色至中灰色,其颜色和反射率均取决于煤级、凝胶化程度、植物来源及其化学成分(Cameron,1991;Taylor et al., 1998)。荧光的颜色和强度取决于煤阶以及腐植体的降解、腐植化和沥青化程度。荧光颜色为黄棕色至红棕色,木质结构体 A 和腐木质体 A 的荧光最为强烈(Taylor et al.,1998)。腐植体抛光硬度较软,和伴生的类脂体和惰质体相比,腐植体无突起(团块腐植体除外)。

腐植体是镜质体的前身,煤中的腐植体来源于薄壁木质组织以及根、茎、树皮和富含纤维素、木质素、鞣酸的叶片的胞腔充填物,由泥炭中的木质纤维素在厌氧条件下保存形成,在泥炭、土壤(表土层)和沉积物中均可见。在腐植黏土中,如果有机物和矿物质被快速埋藏,腐植体也能被保存下来(代世峰等,2021b)。因植物的分解过程、腐植化、凝胶化程度和煤阶存在差异,细胞结构被保存的完好程度、可见程度也不同(Dai et al., 2012,2015b,c)。在大部分古近纪和新近纪煤中,腐植体是主要显微组分组,其含量可以超过 90%,如我国云南临沧新近纪煤层中腐植体含量高达 95.7%(Dai et al.,2015d)。

依据显微组分的结构(植物组织的保存完好程度),腐植体可划分为 3 个显微组分亚组;依据植物组织的凝胶化程度(凝胶腐植体除外),各显微组分亚组又进一步划分为 2 个显微组分(表 5-2)。

1)结构腐植体

"ICCP System 1994"将结构腐植体定义为植物细胞结构保存完整(可具有不同的保存程度)以及具有独立细胞结构、反射率介于较暗的类脂体和较亮的惰质体之间的一种腐植体的显微组分亚组(Sykorova et al.,2005)。

结构腐植体是中阶煤和高阶煤中结构镜质体的前身。结构腐植体中的显微组分主要来自于草本和木本植物的根、茎、树皮、叶等的富纤维素、木质素的薄壁组织和木质部组织(代世峰等,2021b)。若煤中有丰富的结构腐植体,则表明在森林泥炭地和森林高位沼泽中的低 pH 环境下细胞组织被高度保存(Diessel,1992)。

结构腐植体包括木质结构体和腐木质体,二者可通过凝胶化程度加以区分。木质结构体具有独立的细胞壁,而腐木质体细胞壁虽然清晰可见,但已被压缩和凝胶化。

(1)木质结构体。

"ICCP System 1994"将木质结构体定义为腐植体显微组分组中结构腐植体亚组的一显微组分,主要包括未凝胶化的离散的但是具有保存完整的细胞壁,或植物组织中的细胞壁。

根据其反射率的差异，木质结构体可分为木质结构体 A 和木质结构体 B 两种类型，前者的反射率低于后者。

木质结构体是中阶煤中镜质结构体的前身，主要来源于草本或乔木植物的根、茎、树皮的薄皮组织和木质组织，少量来源于由纤维素和木质素组成的叶片。大部分木质结构体 A 来源于裸子植物（杉科、柏科）的木材或特殊的根（如 Marcoduriainopinata）。木质结构体 B 来源于被子植物的木质组织和草本植物（Diessel，1992）。

木质结构体的植物组织细胞的尺寸和形态虽可能存在差异，细胞壁可能发生变形或被破坏，但其与原始的细胞结构非常相似。胞腔通常为开放状态或者充填其他显微组分或矿物，充填物一般为树脂体、团块腐植体、多孔凝胶体、微粒体、黏土矿物和碳酸盐矿物（代世峰等，2021b）。在反射光下，木质结构体具有各向同性。木质结构体 A 呈暗灰色，常略带褐色，内反射色呈橙色至红褐色。木质结构体 B 呈灰色，无内反射。在透射光下，纤维素残余物的存在，可导致木质结构体 A 具有显著的各向异性。木质结构体的荧光一般呈脏黄色至棕色。木质结构体 A 的荧光性比木质结构体 B 强，有时甚至接近类脂体，但二者的荧光强度均低于伴生的类脂体。木质结构体抛光硬度较小，在抛光的煤块样品中不显任何突起。

(2) 腐木质体。

"ICCP System 1994"将腐木质体定义为腐植体中结构腐植体亚组的一种显微组分，指不同凝胶化程度的组织中的细胞壁。根据反射率的不同，可将腐木质体分为腐木质体 A 和腐木质体 B，前者的反射率低，而后者的反射率较高。

腐木质体是中、高阶煤中胶质结构体的前身，来源于草本和乔木植物的根、茎、树皮的薄壁组织和木质组织，以及富纤维素和木质素的叶片。腐木质体主要形成于潮湿环境下泥炭、土壤以及湖相沉积物中，同时也受煤阶影响。潮湿森林泥炭地形成的褐煤比干燥环境中腐化作用强烈条件下形成的褐煤更富含腐木质体。随着煤阶的升高，木质结构体含量降低，而腐植体含量增加（代世峰等，2021b）。

腐木质体中细胞壁的大小和形态可能存在差异。受均质化作用，细胞壁的结构已经消失，胞腔闭合。凝胶化作用使细胞壁发生显著的膨胀，导致在同一植物组织中，腐木质体细胞壁的厚度大于木质结构体细胞壁的厚度，并且在腐木质体中，细胞壁被压缩，从而可能使细胞产生收缩裂缝。在光学显微镜下，腐木质体 A 呈暗灰色，可能会有微弱的橙色内反射；腐木质体 B 呈灰色，少量带有褐色色调。腐木质体 A 的荧光强度高于腐木质体 B；腐木质体 A 的荧光性为脏黄色、褐色至深褐色；腐木质体 B 的荧光性取决于煤阶，随着凝胶化程度和煤阶的增加，腐木质体荧光强度降低。腐木质体的抛光硬度较小，与其他显微组分相比，不显突起。

2) 碎屑腐植体

"ICCP System 1994"将碎屑腐植体定义为腐植体的一个显微组分亚组，主要包括反射率介于共伴生的类脂体和惰质体之间的细小的腐植碎片（<10μm），这些碎片可能会被无定形的腐植物质胶结（Sykorova et al.，2005）。

碎屑腐植体是中、高阶煤中碎屑镜质体的前身，主要由草本和乔木植物茎、叶的薄壁组织和木质组织经强烈的分解形成（Diessel，1992；Taylor et al.，1998）。根据凝胶化程度，碎屑腐植体包含未凝胶化的细屑体和凝胶化的密屑体 2 种显微组分。

(1) 细屑体。

"ICCP System 1994"将细屑体定义为腐植体中碎屑腐植体亚组的显微组分,是由不同形态的小于 10μm 的腐植组颗粒和海绵状至多孔状、未凝胶化的无定形腐植物质组成的混合物。

细屑体中的碎屑物是以纤维素及部分木质素为主要组成的草本和乔木植物的茎、叶的薄壁组织和木质组织,经强烈的分解作用形成。细屑体形成于有氧环境中,高含量的细屑体表明泥沼表层相对干燥的条件,植物的腐植化部分在有氧条件下发生分解(Von Der Brelie and Wolf,1981)。细屑体中的无定形、多孔部分主要由絮凝腐植质胶体组成。在煤化作用过程中,细屑体经凝胶化作用形成密屑体,经镜煤化作用形成胶质碎屑体。虽然如此,在一定的沉积条件下,密屑体与细屑体在同一煤层中也可能共存(代世峰等,2021b)。

在显微镜反射光下,细屑体的海绵状结构导致它比腐植体的其他显微组分颜色偏暗,呈暗灰色。细屑体的荧光性与其成分有关,呈浅棕色。若细屑体来源于裸子植物组织的残余物,荧光性会增强。细屑体的抛光硬度较小,不显任何突起。

(2) 密屑体。

"ICCP System 1994"将密屑体定义为腐植体中碎屑腐植体亚组的显微组分,主要为被无定形致密腐植物质黏结的不同形态的细小腐植质颗粒($<10\mu m$)。密屑体为凝胶化的相对均匀的腐植基质,胶结着煤中其他成分,因此,在抛光的煤颗粒上,密屑体表面均一、极少有杂色斑点。密屑体呈灰色,无荧光性或荧光下呈较弱的暗褐色。密屑体的磨抛硬度较小,在抛光面上无明显突起,其反射率取决于煤化程度,随机反射率介于 $0.2\% \sim 0.4\%$ 之间。

密屑体主要有两种成因:一是由纤维素和木质素构成的茎、叶的薄皮组织和木质组织发生强烈的腐化,随后在泥炭阶段潮湿条件下经生物化学凝胶化作用形成;二是随着煤化作用的进行,由原来的细屑体发生地球化学凝胶化作用而形成。与泥沼表层相对干燥条件形成的褐煤中高含量的细屑体不同,在古近纪和新近纪潮湿环境下堆积的泥炭形成的低阶褐煤中,通常有较高含量的密屑体(代世峰等,2021b)。

3) 凝胶腐植体

"ICCP System 1994"将凝胶腐植体定义为腐植体显微组分组中的显微组分亚组,是灰色、无结构、均一的、具有腐植体反射率的物质(Sykorova et al.,2005)。

凝胶腐植体有多种成因,如可能来源于强烈凝胶化的植物组织和腐植碎屑,并且在反射光下,已无法辨认其结构;也可来源于沉淀的腐植凝胶,或者植物原生的鞣质体胞腔充填物(主要在裸子植物中)(代世峰等,2021b)。

凝胶腐植体包括团块腐植体和凝胶体。前者是相互分离的均质团块个体或原地形成的鞣质体胞腔充填物;后者为次生、均一的充填物,常充填在之前就存在的空隙中。

(1) 团块腐植体。

"ICCP System 1994"将团块腐植体定义为腐植体显微组分组中凝胶腐植体亚组中的显微组分,或者呈均质的、离散状的腐植胞腔原位充填物,与木质结构体或腐木质体伴生;或者呈离散状独立存在于细屑体、密屑体或黏土中。

团块腐植体中有2个显微亚组分,即鞣质体(Phlobaphenite)和假鞣质体(Pseudo-Phlobaphenite)。它们只有赋存在木质结构体或腐木质体中,才可被辨别。鞣质体为原生细胞分泌物的煤化作用产物,如果充填物未与闭合的细胞壁接触(孤立地位于胞腔内),则为鞣质体;假鞣质体来源于腐植凝胶物质形成的次生胞腔充填物,如果胞腔内完全被无定形的腐植质充填,并且细胞壁和充填物间的界线模糊,则为假鞣质体(代世峰等,2021b)。

团块腐植体在褐煤和泥炭中常见但含量不高,它在植物的树皮和皮层组织中,常以胞腔充填物形式存在,且含量丰富(Soós,1964)。其中,鞣质体来源于富鞣酸的细胞分泌物,通常沉淀于表皮细胞、薄皮组织或髓射线细胞中,特别是在木栓组织中。假鞣质体来源于胶质腐植溶液沉淀,在杉科植物中较常见,在含树脂道的松柏类植物中较为少见(Soós,1963,1964)。团块腐植体常呈孤立团块状,在部分煤分层中含量丰富,表明其抗腐化能力强。

团块腐植体的颜色呈灰色至浅灰色,无荧光。团块腐植体的磨抛硬度不一,取决于团块腐植体的来源。一般情况下,在磨抛的煤颗粒上不显突起。团块腐植体的形态取决于所充填的胞腔的形状和切片的方向,多呈球形、椭圆形或长条状(代世峰等,2021b)。团块腐植体的大小也受细胞的原始大小的影响(Mader,1958;Soós,1964;Szádecky-Kardoss,1952)。在古近纪和新近纪煤中,球形的团块腐植体粒径为 $10\sim40\mu m$,长条状的团块腐植体尺度为 $20\sim170\mu m$(代世峰等,2021b)。

(2)凝胶体。

"ICCP System 1994"将凝胶体定义为腐植体显微组分组中凝胶腐植体亚组的一种显微组分,在反射光下,均匀、无结构或呈多孔状的物质,与腐植体反射率相同。凝胶体可分为两个显微亚组分,即均匀凝胶体(Levigelinite)和多孔凝胶体(Porigelinite)。

①均匀凝胶体。均匀凝胶体不显任何结构,呈致密均匀状。在干燥条件下,可见收缩裂缝。化学浸蚀后,可分辨出3种隐显微组分:结构凝胶体(Telogelinite)可见细胞结构,碎屑凝胶体(Detrogelinite)具有细屑体形态,均质凝胶体(Eugelinite)无结构。均质凝胶体充填植物胞腔,有裂隙和其他空洞(代世峰等,2021b)。

②多孔凝胶体。多孔凝胶体呈海绵状、多孔状或微粒状(代世峰等,2021b)。多孔凝胶体也可能出现于细屑体中,与碎屑腐植物质混合。因为这种充分的混合,多孔凝胶体成为细屑体的一部分,粒径小于 $10\mu m$ 的凝胶体可归为细屑体。多孔凝胶体内部呈离散状的橙色内反射(Mukhopadhyay and Hatcher,1993)。

凝胶体呈中至浅灰色,由于孔隙的存在,同一煤层中多孔凝胶体可能比均匀凝胶体颜色略深。凝胶体无荧光性,外观均匀,抛光后无突起。

凝胶体可形成于同生和后生阶段。在泥炭堆积阶段的潮湿环境下,无定形腐植体从胞腔内分泌出,并充填于原始的细胞腔,形成同生的均匀凝胶体和多孔凝胶体。胶质腐植溶液沉淀并充填于次生的胞腔中,形成后生的均匀凝胶体和多孔凝胶体。均匀凝胶体中的结构凝胶体和碎屑凝胶体是泥炭中植物组织或腐植质残体经强烈凝胶化的结果,并且在泥炭中,结构凝胶体、碎屑凝胶体可能与均匀凝胶体共存。结构凝胶体和碎屑凝胶体也可能在煤化作用过程中,经凝胶化作用形成。均匀凝胶体和多孔凝胶体是中、高阶煤中凝胶体的前身。结构凝胶体和碎屑凝胶体分别是胶质结构体和胶质碎屑体的前身(代世峰等,2021b)。

第二节 煤的显微组分的鉴定方法

一、煤的显微组分鉴定的目的

通过煤的薄片研究可以了解成煤原始物质及其变化程度,判断煤的形成环境,并相应地阐述煤的形成过程,进一步确定煤的变质程度和作出更可靠的煤质评价。

通过煤薄片研究,以认识煤的有机显微组分在透射光下的基本特征,并掌握煤的有机显微组分在透射光下的鉴定标志(透光色、形态和结构等)。

通过煤砖光片的研究,认识煤的有机显微组分在反射光下的特征,并掌握通过反光色、形态、结构、突起等主要标志鉴定显微组分的方法。

二、煤的显微组分鉴定的内容和方法

煤的显微组分的镜下观察和鉴定通常有2种方法。

(1)透射光下观察煤的薄片。有机显微组分在透射光下的基本特征,可从组分的透射光色、植物组织结构、形态、大小、轮廓清楚程度和与其他组分的关系等方面进行观察和描述(表5-4)。

表5-4 透射光下有机显微组分分类及鉴定特征

组	凝胶化组	丝炭化组	稳定组(壳质组)	腐泥化组
组分	结构镜质体 均质镜质体 基质镜质体 胶质镜质体 团块镜质体 碎屑镜质体	丝质体 半丝质体 粗粒体 微粒体 菌类体 碎屑惰性体	大孢子体 小孢子(花粉)体 角质体 木栓体 树脂体	藻类体 腐泥基质
透射光下主要特征	大多呈橙红色、棕红色到褐色,透明到半透明	棕色、深棕色至黑色,不透明,细胞壁高度炭化	黄色到橙红色,透明、半透明,轮廓清楚等外形特征	藻类体具放射状

（2）油浸反射光下观察煤的光片（块煤光片和粉煤光片）。有机显微组分在反射光下的基本特征，可从反射光色、透明度、植物组织结构、形态、大小、轮廓清楚程度和与其他组分的关系，以及突起和反射光性等方面进行观察和描述（表5-5）。

表5-5 反射光下有机显微组分分类及鉴定特征

显微组分组	显微组分	亚显微组分	镜下特征
镜质组	结构镜质体		反射色为灰—浅灰色，反射力弱，无突起或微突起
	无结构镜质体	均质镜质体、胶质镜质体、基质镜质体、团块镜质体	
	碎屑镜质体		
惰质组	微粒体、粗粒体、半丝质体		反射色最浅，多呈灰白—亮白色，反射力最强，突起最高，为中—高突起
	丝质体	火焚丝质体、氧化丝质体	
	菌类体	真菌菌质体	
	碎屑惰性体		
壳质组	孢子体		反射色最深，多呈深灰—灰黑色，反射力最弱，突起为低—高突起
	角质体、树脂体		
	藻类体		
	碎屑壳质体		

由于透射光下煤薄片在低中煤阶煤中显微组分有红、黄、棕、黑等各种颜色，易于区别，但在中高煤阶煤中由于透射光性较差，显微组分逐渐变得不透明，不便于区别各种显微组分，而且煤薄片和块煤光片采用局部块煤制备，代表性差。相比之下，反射光粉煤光片采用组合样缩分制备，代表性较好；加之粉煤光片比煤薄片制作容易，目前煤的显微组分的分类多采用工艺性质的分类方案，并选用粉煤光片在反射光下进行。

三、实验仪器和材料

光学显微镜、煤岩薄片、煤砖光片等。

四、显微组分鉴定的步骤

1. 透射光下显微组分的鉴定

（1）首先应确定切片方向是垂直层理还是平行层理，判断薄片的厚度及其均匀情况。

(2)观察薄片中有哪些显微组分,这些组分的特征、分布状态和组分相互之间的关系。

(3)对于垂直层理的薄片,必须根据组分的不同组合情况进行"分层"并逐层进行详细描述,包括"分层"厚度、"分层"的显微组分构成和特征及其与上下"分层"的接触关系等。

(4)观察不同变质程度煤的显微组分特征,总结鉴别特征。

(5)选择几个有代表性的视域和特殊组分绘图或拍照,在所绘素描图旁边注明放大倍数,标明线段比例尺。

2. 反射光下显微组分的鉴定

(1)观察光片中有哪些显微组分,这些组分的特征、分布状态和组分相互之间的关系。

(2)对于块煤光片,如切片方向垂直层理,必须根据组分的不同组合情况进行"分层"并逐层进行详细描述,包括"分层"厚度、"分层"的显微组分构成和特征以及其与上下"分层"的接触关系等。

(3)观察不同变质程度煤的显微组分特征,总结反射光下显微组分的鉴别特征。

(4)选择几个有代表性的视域和特殊组分绘图或拍照,在所绘素描图旁边注明放大倍数,标明线段比例尺。

五、显微组分鉴定的注意事项

(1)必须在相同条件下对比颜色和反射力,即必须在光度均匀的中心部分进行对比。

(2)注意磨片质量,光片表明污净程度,以及人的视差等人为影响因素。

(3)注意光源的影响,反射光下观察鉴定一般要求使用白色光源。

第六章 粉煤光片的显微组分定量统计及煤相分析

第一节 显微组分的定量统计

一、实习目的

确定煤的各种有机、无机组分百分含量,以便研究煤层的成因,进行煤相分析和煤层对比,评价和预测煤质。

二、实习内容

采用粉煤光片置于反射偏光显微镜下,在不完全正交偏光或单偏光下,以能准确识别显微组分和矿物为基础,用数点法统计各种显微组分组和矿物的体积百分数。

三、实验仪器和材料

(1)要求干物镜为×20～×50,油浸物镜×25～×60,备有十字丝和测微尺的目镜×8～×12.5。反射偏光显微镜宜备有反射荧光装置。

(2)能够固定且同步移动标本的载物台推动尺(机械台)。载物台推动尺在横向(X)和纵向(Y)上的移动范围不应小于25mm,并能以等步长移动。

(3)试样安装器材包括载片、胶泥、整平器、计数器(图6-1)和油浸液:油浸液应适合物镜要求,使用油浸物镜进行荧光观察时,应选用无荧光油浸液。

第六章 粉煤光片的显微组分定量统计及煤相分析

图 6-1 常见计数器(每个计数器按键对应一个显微组分)

四、实验步骤

(1)在整平后的粉煤光片抛光面上滴上油浸液,并置于反射偏光显微镜载物台上,聚焦、校正物镜中心,调节光源、孔径光圈和视域光圈,应使视域亮度适中、光线均匀、成像清晰。确定推动尺的步长,应保证不少于 500 个有效测点均匀布满全片,点距一般以 0.4~0.6mm 为宜,行距应不小于点距。

(2)从试样的一端开始,按预定的步长沿固定方向移动;并鉴定位于十字丝交点下的显微组分组或矿物,记入相应的计数键中,若遇胶结物、显微组分中的细胞空腔、空洞、裂隙以及无法辨认的微小颗粒时,作为无效点,不予统计。当一行统计结束时,以预定的行距沿固定方向移动一步,继续进行另一行的统计,直至测点布满全片为止。

当十字丝落在不同成分的边界上时,应从 A 象限开始,按顺时针的顺序选取首先充满象限角的显微组分为统计对象,如图 6-2 所示。

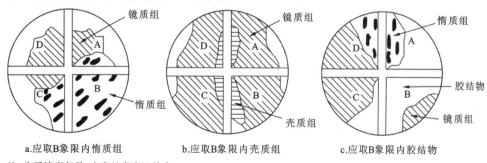

a.应取B象限内惰质组　　b.应取B象限内壳质组　　c.应取B象限内胶结物

注:为了清晰起见,十字丝宽度已放大。

图 6-2 有效点在不同显微组分边界时的确定(据 GB/T 8899—2013)

五、实验数据处理

以各种显微组分组和矿物的统计点数占总有效点数的百分数（视为体积百分数）为最终测定结果，数值保留到小数点后一位。测定结果以如下几种形式报出（表5-6）。

去矿物基：

(1) 镜质组+惰质组+壳质组=100%。

含矿物(M)基：

(2) 镜质组+惰质组+壳质组+矿物=100%。

(3) 显微组分组总量+黏土矿物+硫化物矿物+碳酸盐矿物+氧化硅类矿物+其他矿物=100%。

其中，(2)中矿物为显微组分组测定时，将矿物作为单独的一类统计而得；(3)为干物镜下统计而得。

测定结果的报告格式见表6-1。一般宜将去矿物基和含矿物基的各种显微组分组和矿物的体积分数同时报出，但含矿物基可根据需要选取表6-1中的(2)、(3)项之一。

表 6-1 煤的显微组分组和矿物测定结果报告

送样单位：　　　　　　　　　　　送样者：

样品编号	采样地点	去矿物基 (1)				含矿物基 (2)					含矿物基 (3)						
		镜质组/%	惰质组/%	壳质组/%	总测定点数/个	镜质组/%	壳质组/%	惰质组/%	矿物/%	总测点数/个	显微组分组总量/%	黏土矿物/%	硫化物矿物/%	碳酸盐矿物/%	氧化硅类矿物/%	其他矿物/%	总测点数/个
X-17	某地 K_2 煤层	66.9	26.9	6.2	520	60.5	24.3	5.6	9.6	575	90.0	5.0	0.5	2.0	2.5		580
...	...																

依据标准：GB/T 8899—2013　　　　　审核者：

测定单位：　　　　　　　　　　　测定者：

测定单位地址：　　　　　　　　　测定时间：

六、注意事项

(1)对显微组分的识别可在不完全正交偏光或单偏光下,根据油浸物镜下的反射色、反射力、结构、形态、突起、内反射等特征进行。

(2)对褐煤和低阶烟煤宜借助荧光特征加以区分壳质组和其他显微组分组。

(3)对无烟煤宜在正交或不完全正交偏光下转动载物台鉴定出镜质组、惰质组及其他可识别的成分后,再进行测定。

第二节　煤相分析

煤相分析是通过对煤的岩石学特征、成煤植物及煤的地球化学特征等的研究,从而确定所研究煤层的成煤泥炭类型及其演化等特征。关于煤相的划分标志和主要的煤相类型及相图等的详细阐述,可参考李晶等(2022)主编的《煤岩煤化学基础》一书。

一、实习目的

在显微组分定量统计的基础上,确定煤相类型。

二、实习内容

将显微组分统计数据按要求进行数据转化,然后将这些数据点投入 TPI-GI 相图、VI-GWI 相图、WDR 相图和 TFD 相图,综合分析煤的形成环境。

三、实验仪器和材料

电脑、Office 软件、Grapher 软件等。

四、实验步骤和数据处理

1. 煤相参数的计算

依据煤相参数计算公式(6-1)～式(6-9)，计算 TPI 参数、GI 参数、VI 参数、GWI 参数、木质显微组分(W)、分散显微组分(D)、其他显微组分(R)、镜质体(T)和丝质体(F)。

$$TPI = \frac{结构镜质体 + 均质镜质体 + 半丝质体 + 丝质体}{碎屑镜质体 + 基质镜质体 + 粗粒体 + 碎屑惰质体} \tag{6-1}$$

$$GI = \frac{镜质组 + 粗粒体}{丝质体 + 半丝质体 + 碎屑惰质体} \tag{6-2}$$

$$VI = \frac{结构镜质体 + 均质镜质体 + 半丝质体 + 丝质体 + 树脂体 + 木栓体 + 团块镜质体}{基质镜质体 + 孢子体 + 角质体 + 碎屑惰质体 + 碎屑镜质体 + 碎屑壳质体}$$
$$\tag{6-3}$$

$$GWI = \frac{团块镜质体 + 胶质镜质体 + 碎屑镜质体 + 原煤灰分或矿物质}{结构镜质体 + 均质镜质体 + 基质镜质体} \tag{6-4}$$

$$W(woody) = 结构镜质体 + 均质镜质体 + 丝质体 + 半丝质体 \tag{6-5}$$

$$D(dispersed) = 藻类体 + 孢子体 + 碎屑惰质体 \tag{6-6}$$

$$R(remainder) = 其他显微组分（尤其是基质镜质体） \tag{6-7}$$

$$T(镜质体) = 结构镜质体 + 均质镜质体 \tag{6-8}$$

$$F(丝质体) = 丝质体 + 半丝质体 \tag{6-9}$$

2. 相图投点

在完成煤相参数计算的基础上，将数据点依次投入 TPI-GI 相图(图 6-3)、VI-GWI 相图(图 6-4)、WDR 相图(图 6-5)和 TFD 相图(图 6-6)。需要注意的是，当显微组分 W+D 不足 50% 的煤层时，确定为"混合相"；当 W+D 等于或超过 50% 时，投点在 TFD 三角相图上。

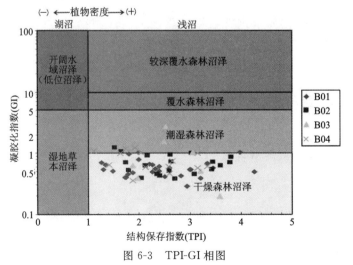

图 6-3 TPI-GI 相图

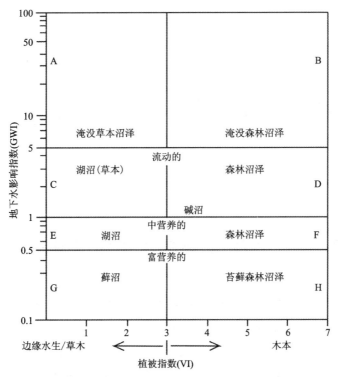

A. 淹没草本沼泽；B. 淹没森林沼泽；C. 流动湖沼（草本）；D. 流动森林沼泽；
E. 中营养湖沼；F. 中营养森林沼泽；G. 富营养藓沼；H. 富营养苔藓森林沼泽。

图 6-4 VI-GWI 相图

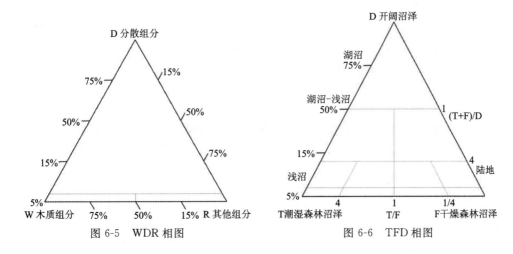

图 6-5 WDR 相图   图 6-6 TFD 相图

第七章 煤中矿物的 X 射线衍射分析

第一节 煤中矿物的 X 射线衍射特征

X 射线衍射(XRD)分析是一种应用广泛的矿物分析研究方法,主要是因为该方法分析迅速、简便、适用,并能获得大量的有关矿物多方面的信息,可进行定性和定量分析,又可以研究矿物的多型、结晶度等问题。尽管如此,X 射线衍射分析方法也存在一些弱点和局限性,如该方法给出的仅是研究样品的平均谱图,主要矿物清楚可见,但微量矿物常因衍射基线掩盖而难以发现;该方法不能测定矿物的形态和产状方面的内容,对矿物的成因不易判断等。

X 射线衍射图谱识别矿物的主要依据为三强线/八强线衍射角(2θ)位置、晶面间距 d 和相对强度。煤中常见矿物的 X 射线衍射三强线的 d 值和相对强度见表 7-1。有关详细的矿物 X 射线衍射数据和图谱可参考著作《黏土矿物研究方法》(张乃娴等,1990)、《黏土矿物与黏土岩》(任磊夫,1992)、《中国黏土矿物》(杨雅秀等,1994)和《黏土矿物和油气勘探开发》(赵杏媛和何东博,2016),行业标准《沉积岩中黏土矿物和常见非黏土矿物 X 射线衍射分析方法》(SY/T 5163—2018)以及互联网资料 http://webmin.mindat.org/。

表 7-1 煤中常见矿物的 X 射线衍射三强线的 d 值(0.1nm)和相对强度

矿物	三强线的 d 值(强度)	矿物	三强线的 d 值(强度)
石英	3.34(1),4.26(0.22),1.82(0.14)	方解石	3.03(1),2.09(0.18),2.29(0.18)
高岭石	7.17(1),1.49(0.9),3.58(0.8)	铁白云石	2.89(1),1.81(0.06),2.19(0.06)
伊利石	4.43(1),2.56(0.85),3.66(0.4)	白云石	2.88(1),1.78(0.6),2.19(0.5)
铵伊利石	10.24(1),3.41(0.6),2.57(0.45)	菱铁矿	2.79(1),1.73(0.8),3.59(0.6)
鲕绿泥石	3.52(1),7.05(1),2.52(0.9)	黄铁矿	1.63(1),2.70(0.85),2.42(0.65)
斜绿泥石	7.16(1),4.77(0.7),3.58(0.6)	白铁矿	2.71(1),1.76(0.63),3.44(0.4)
锂绿泥石	2.32(1),3.52(0.9),4.70(0.9)	重晶石	3.44(1),3.10(0.97),2.12(0.8)
累托石	4.45(1),2.55(0.7),12.20(0.4)	石膏	7.63(1),4.28(1),3.07(0.8)

续表 7-1

矿物	三强线的 d 值（强度）	矿物	三强线的 d 值（强度）
坡缕石	3.23(1),10.5(1),4.49(0.8)	烧石膏	3.01(1),2.81(0.85),6(0.7)
埃洛石	10(1),4.36(0.7),3.35(0.4)	硬石膏	3.49(1),2.85(0.35),2.33(0.2)
钠云母	2.52(1),4.39(0.9),3.2(0.8)	纤磷钙铝石	2.97(1),2.18(0.45),5.75(0.35)
叶蜡石	4.42(1),9.2(0.9),3.07(0.85)	磷钡铝石	3.00(1),5.75(0.8),3.52(0.7)
勃姆石	6.11(1),3.16(0.65),2.35(0.53)	硫磷铝锶矿	2.22(1),2.98(1),5.74(0.9)
三水铝石	4.82(1),4.34(0.4),4.3(0.2)	磷锶铝石	2.96(1),5.70(0.65),2.21(0.45)
一水硬铝石	3.99(1),2.32(0.56),2.13(0.52)	磷灰石	2.8(1),2.70(0.6),2.77(0.55)
微斜长石	3.29(1),3.24(0.96),4.23(0.58)	方沸石	3.43(1),2.92(0.8),5.61(0.8)
钙长石	3.2(1),3.18(0.75),4.04(0.6)	萤石	1.93(1),3.15(0.94),1.64(0.35)
钠长石	3.18(1),3.21(0.3),3.75(0.3)	黄钾铁矾	3.08(1),3.11(0.6),2.29(0.5)
金红石	3.25(1),1.69(0.5),2.49(0.41)	赤铁矿	2.69(1),1.69(0.6),2.51(0.5)
锐钛矿	3.51(1),1.89(0.33),2.38(0.22)	锆石	3.3(1),2.52(0.45),4.43(0.45)

第二节　煤中矿物的 X 射线衍射分析

一、实习目的

(1)了解 X 射线衍射仪的基本组成和工作原理；
(2)熟练掌握煤中常见矿物的 X 射线衍射图谱特征；
(3)熟练掌握矿物鉴定和定量分析方法。

二、实习内容

(1)操作 X 射线衍射仪，并获取样品的 X 射线衍射数据；
(2)利用 MDI Jade 软件进行矿物鉴定；
(3)利用 Siroquant 软件进行矿物定量。

三、实验仪器和材料

X 射线衍射仪(图 7-1)、MDI Jade 软件(图 7-2)、Siroquant 软件(图 7-3)等。

图 7-1　布鲁克 X 射线衍射仪(D8 ADVANCE)

图 7-2　MDI Jade 软件

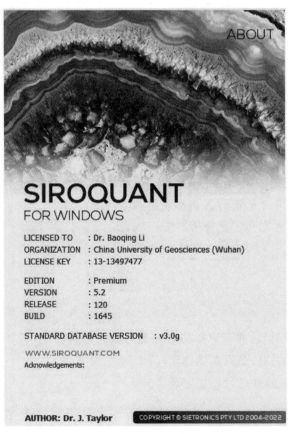

图 7-3　Siroquant 软件

四、实验步骤

1. 开机步骤

(1)打开冷却水循环装置,此机器设置温度在20℃,一般温度不超过28℃,即可正常工作。

(2)在衍射仪左侧面,将红色旋钮放在1的位置,将绿色按钮按下(图7-4)。此时机器开始启动和自检。启动完毕后,机器左侧面的两个指示灯显示为白色。

(3)按下高压发生器按钮,高压发生器指示灯亮(如果是较长时间未开机,仪器将自动进行光管老化,此时按键为闪烁的蓝色,并且显示COND)。

(4)打开仪器控制软件,DFFRAC. Measurement Center选择Lab Manager,没有密码,回车进入软件界面。

(5)在Commander界面上,勾上Request,然后点击Int,对所有马达进行初始化(在每次开机时需要进行初始化,仪器会自动提醒,未初始化显示为叹号,初始化正常后显示为对勾)(图7-5)。

(6)机器启动完毕,可进行测量。

图7-4 衍射仪开机按钮

2. 衍射仪准直步骤

使用刚玉标准样品,测试从34.5°~36°衍射峰,步长选择0.01°,标准Kalpha1峰位为35.149°,可以接受的偏差为0.01°。如果偏差超过可接受范围,说明需要进行对光处理。对光步骤为:

(1)放置玻璃狭缝,放置时较宽的那面面对操作者。将Theta与Detector设为0,按Go。

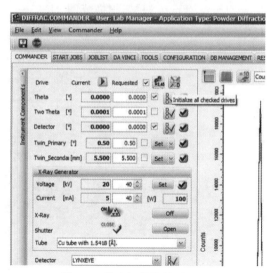

图7-5 马达初始化界面

(2)参数设置:固定发散狭缝或前置Twin 0.5°;次级Twin 5mm;Cu吸收片0.2mm;林克斯探测器(0mode,14mm)。

(3)选择 Rocking 扫描模式,用来确定 theta 轴是否在零点。设置 theta 扫描范围(−1°,0.01°,1°),测量设为 0.1sec/step,点击 Start,测完后打开 Commander 目录下的 Reference and Offset Determination,选择 Reference,点击 OK 重置 tube 的参考位置(图 7-6)。

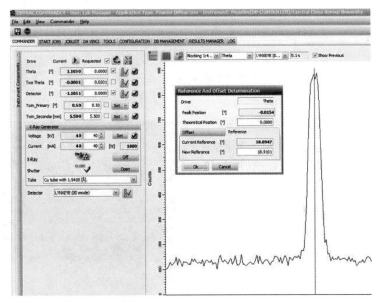

图 7-6 Commander 目录和重置 Tube 的参考位置

(4)再点击 Start 测试一遍,最强峰位置在正负 0.004°左右即可,至此光管调整完毕。

(5)取下玻璃狭缝,换上刚玉标样,取下 Cu 吸收片,探测器改成 1 维模式,选择 Coupled Two Theta/Theta 扫描,扫描范围 34.5°~36.0°,0.01°/步,0.1s/步,点击 Start,测完后打开 Commander 目录下的 Reference and Offset Determination,选择 Reference,将理论位置(Theoretical Position)设置为"35.149",点击 OK 重置探测器臂的参考位置(图 7-7)。

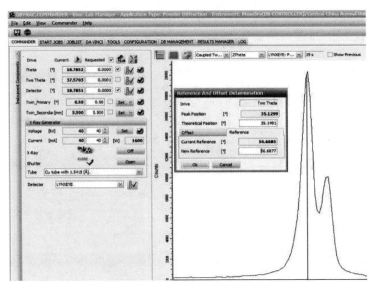

图 7-7 设置理论位置和重置探测器臂的参考位置

3. 粉末模式测量

(1) X 光管入射端及探测器端都安装 2.5°或 5.1°的索拉狭缝，入射端固定狭缝位置不用添加任何狭缝，但是探测器前面的狭缝位置需要放上 Ni 吸收片来吸收 Kβ 峰，否则图谱多出 1 倍的衍射峰，干扰正常的寻峰、判断。如果样品中含有较多的 Ni 元素，则要将 Ni 吸收片放到入射端固定狭缝位置(图 7-8)。

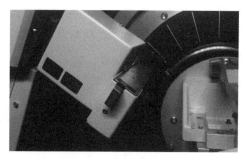

图 7-8　放置 Ni 吸收片

(2) 初级 Twin-Primary 设为"0.50"发散度，次级的 Twin-secondal 设定为"5.800"mm(图 7-9)。

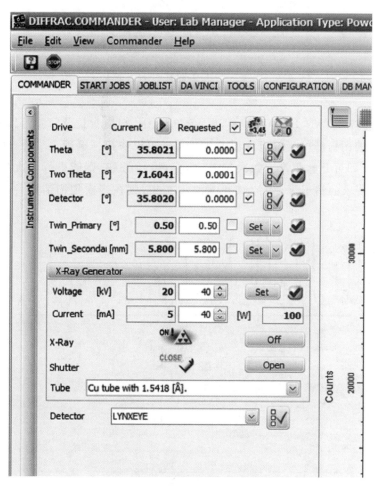

图 7-9　Twin opitcs 设置

(3) 选择 LynxEye 探测器一维模式。点击旁边的箭头，在出现的对话框中通常 Low disc 即能量下限为 0.11。当测量含有 Fe、Ti 等元素的样品时，由于出现荧光效应得到的衍射谱具有很高的荧光背底,影响测量结果,此时可以将能量下限改为 0.180,如含有较多的 Co 元素,则改成"0.190"(图 7-10)。点击 Apply 及 OK 键,完成修改。测量得到的谱线将会去除荧光的影响。注意每次可以检查一下,以免参数设置错误。测量普通样品时,将参数改回来,否则测量强度会降低一半。在测量范围从 10°以上开始时,探测器可以选择全部的通道;如果从比较低的角度开始,如测量介孔材料,则需要减小探测器的开口角以避免高的空气散射或直射光。

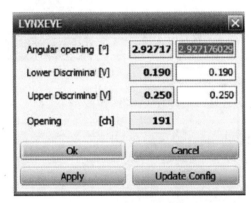

图 7-10 Low disc 设置

(4)选择 Coupled Two Theta/Theta,设定扫描范围,扫描步长及每步停留时间。扫描步长的确定以最窄的衍射峰的半峰宽除以 6 为最佳。可以快扫一遍确定步长,通常 0.02°是合适的。点击 Start 即可开始测量。如果勾上 Autorepeat 按钮,则能进行多次扫描,在认为扫描图谱可以满足要求的情况下,勾掉 Autorepeat 按钮,则在当次扫描结束后,扫描自动停止(图 7-11)。

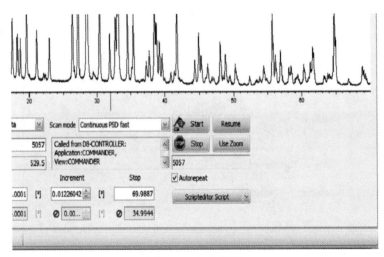

图 7-11 扫描设置

(5)点击 File→Save last raw file 将谱图保存为 raw 格式。如果忘了保存,软件有一个功能可以记住之前测量的 20 个数据,可以根据时间选择数据重新保存(图 7-12)。如果进行多个样品的测试,而测试参数相同时,可以使用 Wizard 软件中进行参数设定,编辑测量脚本,使用 Job 模式测量,另外数据也可自动保存。

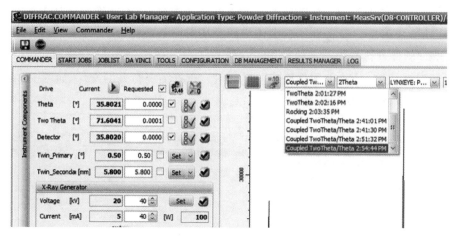

图 7-12　文件保存界面

(6) 如果测量的起始角度比较低(<10°),需要使用防空气散射附件,附件的刀口离样品表面距离 1~1.5mm,在大大减低空气散射背景的情况下,要保证高角度的测量强度不受影响,可以使用刚玉标样在使用和不使用防空气散射附件的情况下比较强度以决定合适的刀口高度。

(7) 如果是测量介孔材料,起始角约为 0.3°,而在这种情况下,防空气散射附件刀口距离样品表面要很近,一般为 0.1~0.2mm,同时入射光发散度要设到 0.1°,探测器的开口要设到 1°左右,如果有前置 Twin,可以使用平行光和 0.1mm 的狭缝。

五、实验数据处理

1. 矿物鉴定

利用 MDI Jade 软件进行样品的 X 射线衍射数据处理,主要包括数据导入、寻峰处理、物相鉴定、分峰处理和全谱拟合等。MDI Jade 软件的操作详见黄继武等(2012)出版的《多晶材料 X 射线衍射实验原理、方法与应用》一书以及其他互联网相关资料和视频。

物相鉴定也就是"物相定性分析"。它的基本原理是基于以下 3 条原则:①任何一种物相都有其特征的衍射谱;②任何两种物相的衍射谱不可能完全相同;③多相样品的衍射峰是各物相的简单叠加。

因此,通过实验测量或理论计算,可建立一个"已知物相的卡片库",将所测样品的图谱与 PDF 卡片库中的"标准卡片"一一对照,能检索出样品的全部物相。一般地,判断一个相是否存在 3 个条件:①标准卡片中的峰位与测量峰的峰位是否匹配。一般情况下标准卡片中出现峰的位置,样品谱中必须有相应的峰与之对应,即使 3 条强线对应得非常好,但有另一条较强线位置明显没有出现衍射峰,也不能确定存在该相;②标准卡片的峰强比与样品峰的峰强比要大致相同;③检索出来的物相包含的元素在样品中必须存在。如果检索出一个 FeO 相,但样品中根本不可能存在 Fe 元素,则即使其他条件完全吻合,也不能确定样品中存在该相,此时可考虑样品中存在与 FeO 晶体结构大体相同的某相。

MDI Jade 软件进行物相鉴定的操作步骤如下。

(1)打开数据:File→Read(文件格式"*.raw"),选择需要打开的文件,如图 7-13 所示,打开数据后,界面显示样品的 XRD 图谱(图 7-14)。

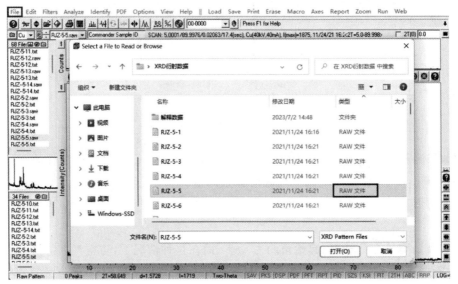

图 7-13　Read Pattern Files 界面

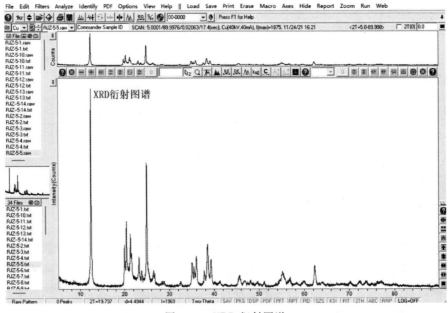

图 7-14　XRD 衍射图谱

(2)物相检索:一般地,物相检索要至少分 3 轮进行,这样才能把所有的物相找出来。这 3 轮分别命名为大海捞针、单峰或多峰分析、指定元素分析。

在检索之前,首先点击峰值图标(图 7-15),显示出每个衍射峰的峰值,即矿物相的 d 值,然后根据衍射图中的 d 值,对照表 7-1 中各个矿物的标准值,依次进行下列的检索操作,找出对应矿物即可。

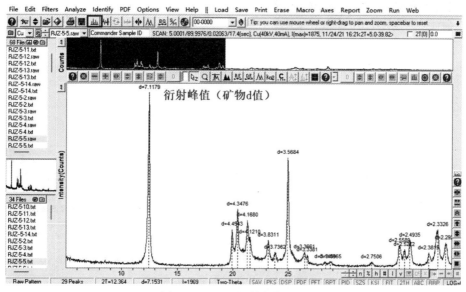

图 7-15 XRD 衍射峰值界面

操作 1:大海捞针,右击 S/M,首先勾选左侧库中的矿物相(Minerals),去掉右侧所有的对勾,完成以后点击 OK(图 7-16)。

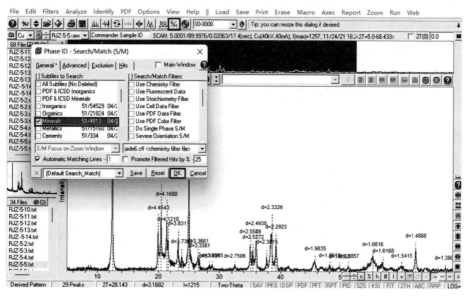

图 7-16 寻峰

完成上述步骤,出现图7-17所示界面。显示了矿物名称、化学式、FOM值、PDF-#、RIR等内容。矿物的排序是按FOM值由小到大排列的,FOM值越小,表示存在这种矿物的可能性越大(但不绝对)。当鼠标左击到一个矿物时,在X衍射图谱显示栏会显示蓝色的线,选择与X衍射图谱拟合最好的矿物,然后在矿物名称前面勾选。

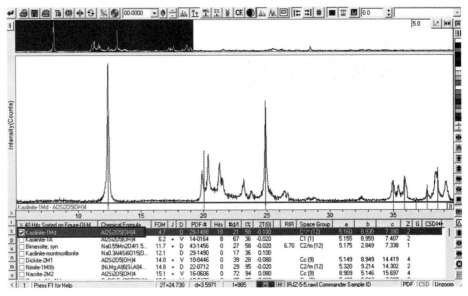

图7-17 矿物检索结果显示

操作2:单峰或多峰分析,完成上述操作后,可能还有峰没有对上,在操作1的基础上,左击染峰光标,选择一个或多个峰后(图7-18),重复操作1。

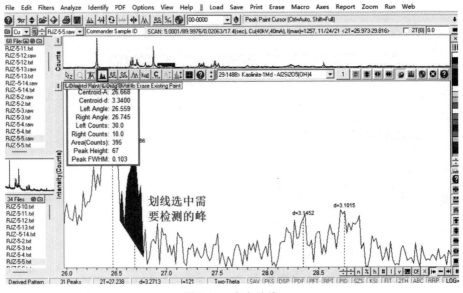

图7-18 自主选峰

操作3:指定元素分析,右击 S/M,在 General 选项中,保持左侧库中的矿物相(Minerals)不变,勾选右侧"Use Chemistry Filter",选择样品中存在的元素,随后点击 OK 进行检索(图 7-19)。

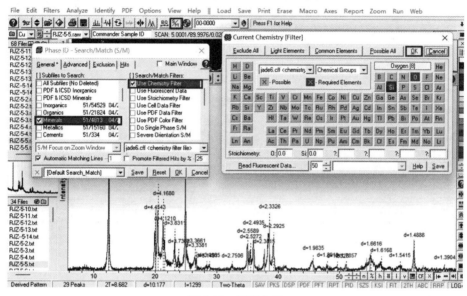

图 7-19　元素分析

(3)实验结果:完成上述操作后,界面显示物相鉴定的结果(图 7-20)。

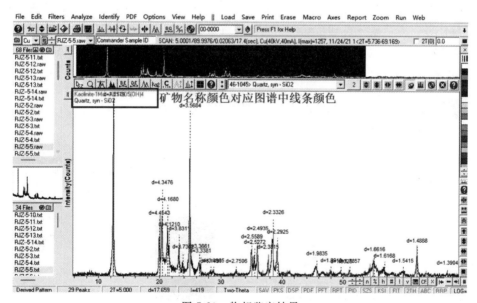

图 7-20　物相鉴定结果

(4)结果保存:所有物相检索完成之后,点击 File→Save,以 SAV 格式保存,使用时直接打开此格式文件查看结果(图 7-21)。

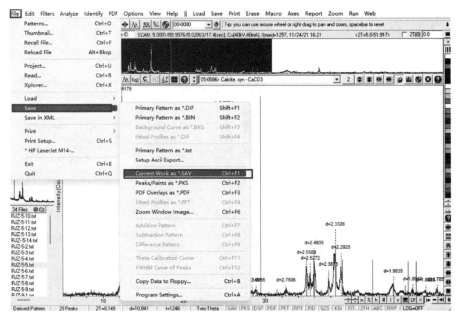

图 7-21　保存作为.SAV 文件

2. 矿物定量分析

利用 Siroquant 软件进行矿物定量分析，该软件是基于 Rietveld 精修方法定量。Siroquant 软件的操作说明书见网站 http://www.siroquant.com，其矿物定量的一般流程为：建立新任务→去背景→自动精修→结果检查→进一步精修。

（1）建立新任务。双击 Siroquant 图标（图 7-22a），弹出 Siroquant 启动界面（图 7-22b），紧接着会出现软件主界面（图 7-22c）。

图 7-22　Siroquant 图标（a）、启动界面（b）和主界面（c）

从主菜单点击 New Task，出现 New Task 对话框（图 7-23）。点击 Select Scan 按钮，选择需要分析样品的衍射数据，从对话框中可选择多种格式的衍射数据。选择 Add/Remove Phases 按钮，会弹出 Siroquant 数据库中的矿物相列表，从中添加样品中出现的矿物（图 7-24）。例如选中 Kaolin，鼠标双击或点击右边向右双箭头，可将矿物选中到右边区域。在 Search String 中可直接输入矿物名称搜索矿物（图 7-24）。矿物相选择完毕后，点击 OK 键，可将样品中出现的矿物添加到 Add/Remove Phases 区域（图 7-23）。在 Name 区域命名文件名，在 Location 区域指明文件保存位置，然后点击 Create 即可创建新任务（图 7-23、图 7-25）。

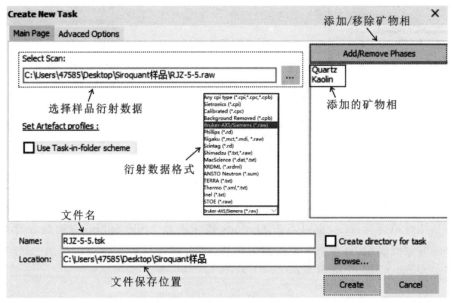

图 7-23　建立新任务

图 7-24　矿物相添加/移除界面

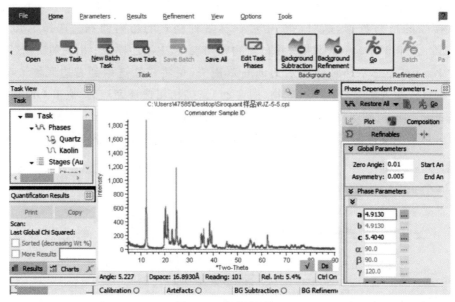

图 7-25　新任务界面

（2）去背景。点击主菜单中的 Background Subtraction 按钮（图 7-25），会弹出去背景对话框，系统会默认绘制出背景线（图 7-26）。在此对话框中，可手动调节背景线，以达到最优效果。默认是线性拟合背景线，也可点击 Options 按钮选择 Culic Spline 方法拟合背景线。如果对拟合的背景线满意，可点击 OK 按钮去除背景，去背景后的文件会以后缀为 .cpb 的文件格式单独保存（图 7-26）。

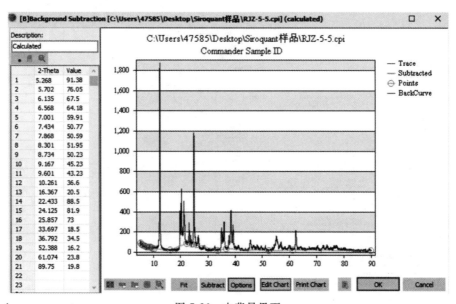

图 7-26　去背景界面

（3）精修。勾选上 Use Auto pre-scale 选项，点击 Go 按钮，计算机会自动开始精修

(图 7-27),随后会呈现出精修完的 XRD 图谱,精细完的 XRD 图谱会出现 3 条,一条为原始衍射图谱(蓝色)、一条为计算的图谱(红色)、一条为偏差图谱(绿色)(图 7-28)。

(4)实验结果。精修完毕后,会自动计算出矿物含量,矿物含量在窗口左下角区域显示(图 7-28)。

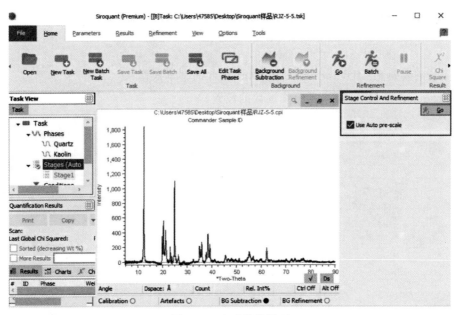

图 7-27　自动精修界面

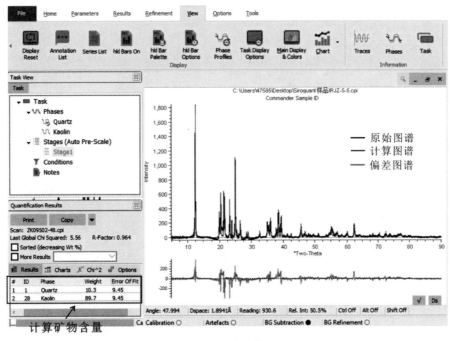

图 7-28　自动精修界面

(5)进一步精修。从细胞参数、半高宽、择优取向、背景参数等多个方面可进行精修,以便获得更好的拟合和更高质量的定量分析。详细地精修过程可参考 Siroquant Version 5.0 操作说明书(http://www.siroquant.com)。

六、注意事项

(1)实验前要熟悉 MDI Jade 和 Siroquant 软件的基本操作;
(2)Siroquant 定量时,要注意精修参数的设置。

第八章 煤中矿物的红外光谱分析

第一节 煤中矿物的红外光谱特征

红外光谱(IR)分析是一种广泛应用的矿物分析方法,其最大的优点是能以较为简单的方式提供研究物质的结构和成分特征方面的信息,在区分高岭石亚族中各种多型矿物具有明显的优越性。例如,用 X 射线衍射分析较难区分高岭石和迪开石两种多型矿物,而二者的红外光谱谱图则有明显差异。红外光谱分析方法对 2∶1 层型矿物的成分差异更为敏感,例如,它可以检测出蒙皂石和伊利石的八面体片中类质同象替代,而其他方法却检测不出来。

红外光谱分析识别矿物的主要依据为矿物的基团振动模式和频率。煤中常见矿物的红外谱带频率及其归属见表 8-1。有关详细的矿物红外光谱分析可参考相关资料,如《矿物红外光谱学》(闻辂等,1989)、《黏土矿物研究方法》(张乃娴等,1990)、《黏土矿物与黏土岩》(任磊夫,1992)、《中国黏土矿物》(杨雅秀等,1994)和《黏土矿物和油气勘探开发》(赵杏媛和何东博,2016)等。

表 8-1 煤中常见矿物的红外谱带频率及其归属

矿物	频率				
	高频区	中频区			低频区
	υ_{OH}	$\upsilon_{Si(Al)-O}$ $\upsilon_{Si-O-Si(Al)}$	δ_{M-OH}	$\delta_{Si-O-Si(Al_{IV})}$	$\upsilon_{Si-O-M_{IV}}$ υ_{Si-O} υ_{M-O} OH 平移
高岭石	3697,3668, 3662,3620	1107,1033, 1010	940,913	785,751,700	536,170,133
迪开石	3700,3650, 3620	1100,1030, 1000	930,910	790,750,695	531,465,428,343
珍珠陶石	3700,3645, 3625	1105,1040	913	795,753,697	535,470,430,347

续表 8-1

矿物	频率					
	高频区	中频区			低频区	
	υ_{OH}	$\upsilon_{Si(Al)-O}$ $\upsilon_{Si-O-Si(Al)}$	δ_{M-OH}	$\delta_{Si-O-Si(Al_{IV})}$	$\upsilon_{Si-O-M_{IV}}$ υ_{M-O}	υ_{Si-O} OH 平移
埃洛石	3700,3628, 3608,3550	1105,1030, 1010	910	795,755,696	537,472,431,345	
叶蜡石	3675	1122,1070, 1050	950,853, 843	835	575,540,515,484, 460,420,360,344	
滑石	3677	1040,1020	670	694	593,455,452,424, 393,384,345	
蒙脱石	3620	1100,1070, 1030	930,910	875,830,785,695	560,548,467,420	
皂石	3670	1060,1010	660	878,800	530,464,452,392	
蛭石	3380,3200	995		675	459	
伊利石	3650,3620	1060,1020	910	820,745	610,520,470, 440,350	
白云母	3658,3625	1055,1005	930	875,795,745, 720,700	534,477,342	
海绿石	3660,3603, 3530	1070,990	815	860,670,616,600	490,455,434	
绿鳞石	3600,3577, 3555,3530	1110,1070, 970,955	830,705	860,680,630, 600,577,530	487,455,436, 387,343	
锂云母	3660,3620	1080,1000	615	870,780,744	527,473,435,315	
黑云母	3700,3550	1000	600	760,700	460	
金云母	3700	1000,950	595	840,820,673	562,515,440	
铁绿泥石	3670,3562, 3420	1040,1017, 960	668	880,755,610	527,463,450, 392,377	

续表 8-1

矿物	频率					
	高频区	中频区			低频区	
	υ_{OH}	$\upsilon_{Si(Al)-O}$ $\upsilon_{Si-O-Si(Al)}$	δ_{M-OH}	$\delta_{Si-O-Si(Al)_{IV}}$	$\upsilon_{Si-O-M_{IV}}$ υ_{Si-O} υ_{M-O}	OH 平移
锂绿泥石	3617,3520,3390	1035,1005	945	820,748,690,610	560,520,475,410,355	
斜绿泥石	3580,3440	1050,1000,963	651	830	528,460	
坡缕石	3610,3580,3540,3390,3285	1185,1115,1085,1037,984	906	790,725,640	573,506,480,436	
海泡石	3680,3540,3420,3260	1195,1070,1015,985	684,645	890,775	525,464,438,360	

第二节　煤中矿物的红外光谱分析

一、实习目的

(1) 了解傅里叶红外光谱仪的仪器结构和工作原理；
(2) 熟练掌握煤中常见矿物的红外光谱吸收峰特征。

二、实习内容

(1) 操作红外光谱仪获取样品的红外光谱数据；
(2) 利用 Omnic 软件对样品的红外光谱谱图进行物相鉴定。

三、实验仪器和材料

红外光谱仪(图 8-1)、Omnic 红外数据处理软件(图 8-2)等。

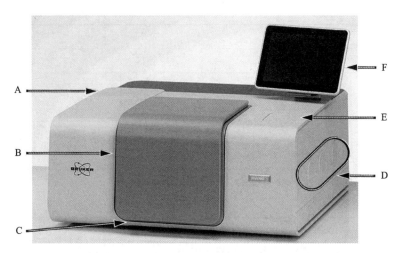

A. 检测器室盖板；B. 样品室盖板（大样品室）；C. 光谱仪状态显示；
D. 红外光束输入端口和输出端口；E. 样品室盖板（小样品室）；F. 触控式 PC。

图 8-1　布鲁克傅里叶变换红外光谱仪

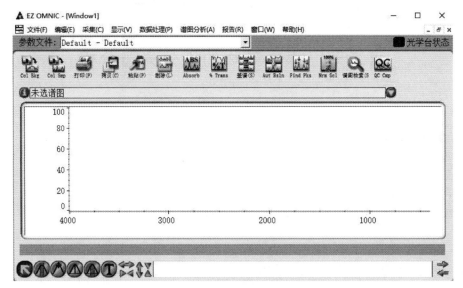

图 8-2　Omnic 红外数据处理软件

四、实验步骤

红外光谱仪的操作流程为仪器开机准备→方法设置→检查信号→测试背景光谱→测试样品光谱→完成测试。

1. 仪器开机准备

(1)打开仪器后方的电源开关,等电子部分和光源稳定(大约 10min);

(2)打开计算机,登录进入 Windows 系统;

(3)点击桌面 OPUS 图标,输入密码(OPUS)即可安全登录,登录后仪器会初始化,请等待 1~2min 即可,仪器右下端会有提示 PQ 测试,测试完成后点击"关闭"即可(图 8-3)。在 OPUS 软件右下角圆灯颜色,检查电脑与仪器主机通信是否正常(灰色为未连接,绿色为仪器连接正常,黄色或红色需要检查仪器状态)(图 8-3)。

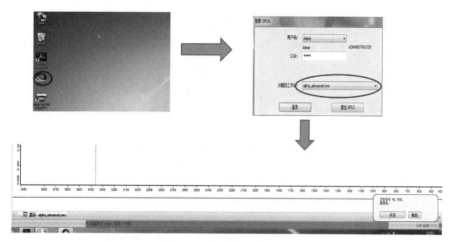

图 8-3 仪器启动界面

2. 方法设置

(1)打开 OPUS 软件中"测量—高级测量选项—高级设置",调入测量参数 ". xpm"方法文件。文件路径:用户\公用文档\Bruker\OPUS8.7.31(选择自己安装的软件版本即可)\Instruments\ALPHA II\XPM。

(2)在测量菜单下点击"高级数据采集"或者 ![icon] 图标,出现如下对话框(图 8-4)。在高级设置页面中再点击"调入"读取一个测量参数文件(例如 c:\program files\opus\xpm\MIR_TR.XPM 文件)。在"高级设置"中修改文件保存路径,Resolution(分辨率),样品/背景扫描时间,结果谱图保存方式(Transmittance/Absorbance),点击"接受 & 退出"只保存本次设置,不更改原方法文件。

3. 检查信号

在第一次测量之前,正确的干涉峰的位置必须确定并且储存下来。在"测量"对话框,点击"检查信号",点击"干涉图",显示干涉图(图 8-5)。如果没有看到干涉图,点击"保存峰位"。

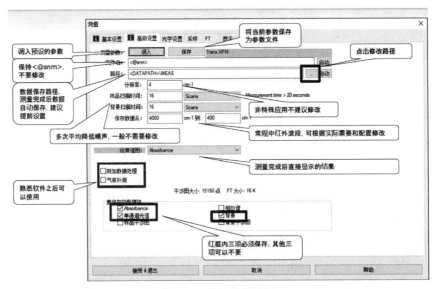

图 8-4　高级设置界面

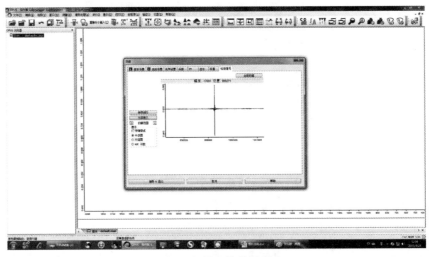

图 8-5　检查信号界面

4. 测试背景光谱

放入空白 KBr 压片,在常规测量选项的基本设置中,点击"测量背景单通道光谱"开始测试背景光谱(图 8-6)。

5. 测试样品光谱

背景光谱测量完成后,放入样品压片,点击"测量样品单通道光谱"开始测试样品光谱(图 8-7),并进入谱图窗口。从 OPUS 软件的底部可以看到测量的进程,测量结束后,谱图会显示在谱图窗口(图 8-8)。

第八章 煤中矿物的红外光谱分析

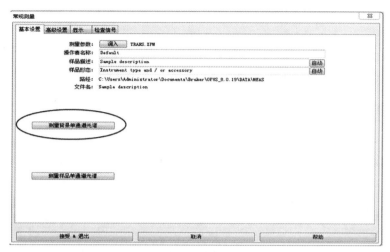

图 8-6 测量背景单通道光谱界面

图 8-7 测量样品单通道光谱界面

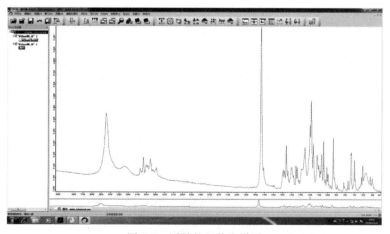

图 8-8 测量的红外光谱图

五、实验数据处理

1. 打开数据文件

使用 Omnic 选择打开后缀为"＊.csv"的文件（图 8-9），设置参数：X 单位为"Wavenumbers"，Y 单位为"％ Transmittance"（图 8-10）。

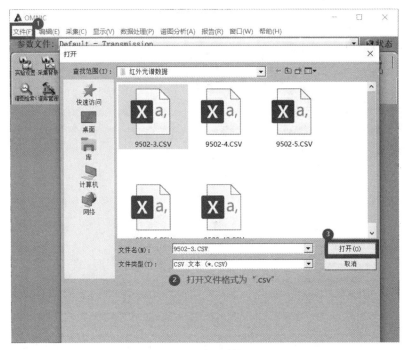

图 8-9　打开数据

图 8-10　设置参数

2. 透过率和吸光度图转换

(1) 如图 8-11 所示,选中要转换的谱图。

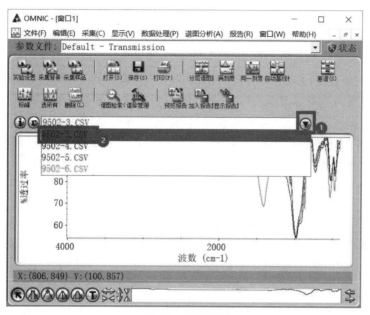

图 8-11　选择谱图

(2) "数据处理"菜单中选择"％透过率(T)"/"吸光度"(图 8-12)。

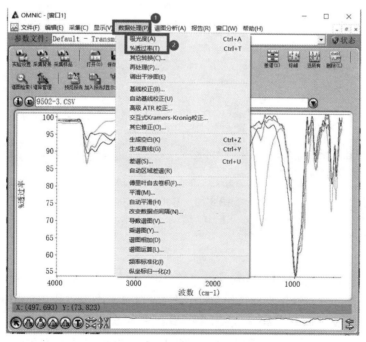

图 8-12　透光率和吸光度转换

3. 基线校正

理论上,基线是由谱图上那些没有明显吸收的部分构成,图上这些部分的吸收是零(或100%透过率);实际上,基线可能发生漂移、倾斜或弯曲。造成基线不平直的可能原因有:①样品片太厚或样品与背景的透过相差太大;②压片前没有将样品与 KBr 仔细研磨,大粒子(大于 5μm)引起散射。这导致高频的吸收增加,表现为朝高频方向向上的斜坡;③ATR 谱图中的吸收值可能朝低频方向向上倾斜,对样品的穿透深度增加,反射损失的能量增多;④如果参考谱图与样品谱图的基线明显不同,则差谱后整体基线可能不接近零吸收。

自动基线校正适用于漂移/倾斜的图谱,校正的时候需要先将数据转换成吸光度。操作步骤为:①选择要校正基线的谱图;②选择(用区间工具或显示明用取景器)进行基线校正的谱图区域;③在"数据处理"菜单中选择"自动基线校正"命令(图 8-13、图 8-14)。注意进行基线校正时,Y 轴坐标为吸光度。

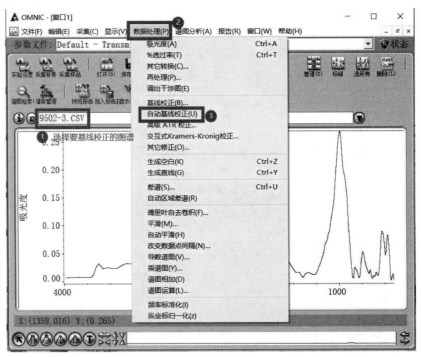

图 8-13 基线校正

4. 平滑

操作步骤:数据处理—平滑—选择平滑点数(图 8-15～图 8-17)。

"平滑"操作存在删除数据点的情况,被平滑程度取决于平滑过程中使用的点数。点数设置可以是 5～25 中任何 1 个奇数,点数越多平滑程度越高。平滑会使数据看上去信噪比很高,但是也有可能使数据丢失一些细节峰。因此要慎用平滑,如果想获得一张信噪比高的光谱,可以通过增加扫描次数来实现。

第八章 煤中矿物的红外光谱分析

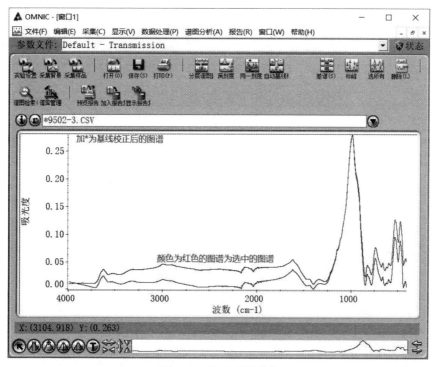

图 8-14 校正后的图谱

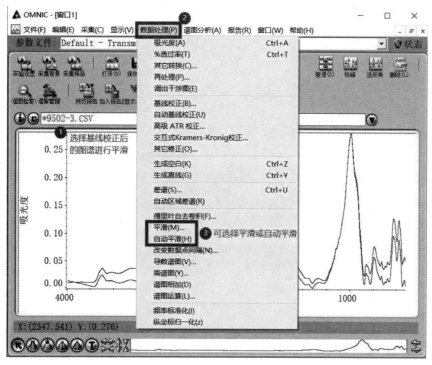

图 8-15 平滑

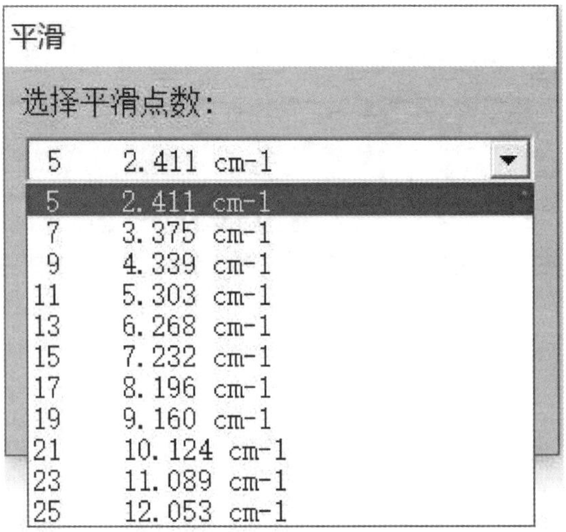

图 8-16 选择平滑点数

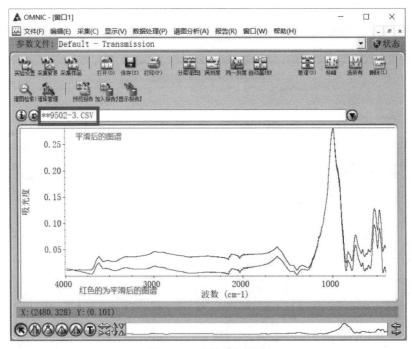

图 8-17 平滑后的图谱

5. 纵坐标归一化

归一化就是把光谱的所有强度值都除以光谱中的最高强度值,这样光谱最强值为1,其他波长的谱线强度均低于1。在透射实验中,较厚的材料样品比较薄的样品吸收更多的红外能量,结果表现为更高的谱峰。归一化谱图可以补偿光程长造成的影响,并且使二者的谱峰可以进行比较。

"纵坐标归一化"命令可将所选择谱图的 Y 轴标尺转换成一个标准的标尺,其数据点的 Y 值范围从最低点的零吸收单位到最高峰的 1 个吸收单位(对于吸收谱谱图),或从 10% 到 100%透过率(对于透射谱谱图)。但谱图经归一化后,不能用于定量分析。操作步骤:①选择要归一化的谱图;②在"数据处理"菜单中选择"纵坐标归一化(Z)"命令(图 8-18、图 8-19)。

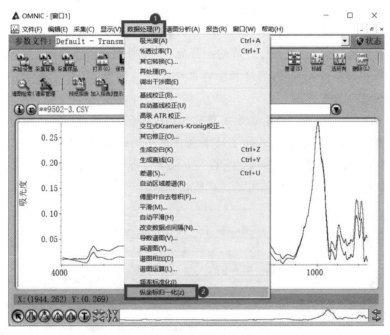

图 8-18 纵坐标归一化

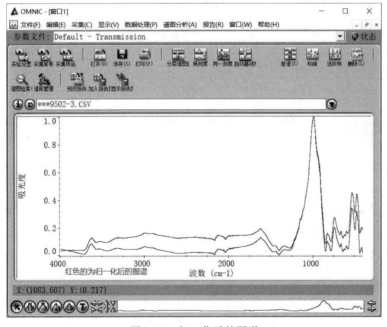

图 8-19 归一化后的图谱

6. 标峰

操作步骤:谱图分析—标峰。

通过改变阈值及灵敏度进行调整标峰,阈值是图中黑色的线。若是吸光度图,黑色线之上的峰被标出;若是透过率图,黑色线之下的峰被标出(图8-10)。

灵敏度决定"标峰"命令是否能找到肩峰和基线上的一些小峰,灵敏度还考虑了临近峰的相对大小。灵敏度低,肩峰会被当作大峰的一部分,小峰则会被当作基线上的噪声,这两种特征峰都不会被找到。灵敏度较高,肩峰和小峰都被找到并标出,过高则使得噪声和其他不重要的峰及有用的峰一起被标出。

方法1:自动标峰(图8-20)。①选定所要标峰的谱图(为基线校正和平滑后的谱图);②显示要标峰的谱图范围,或利用谱图区间工具来选择更小的范围;③选择"谱图分析"菜单下的"标峰"命令;④如果要改变阈值,在阈值线的上方或下方点击;⑤用灵敏度滚动条改变灵敏度设置;⑥要显示或取消显示Y轴,单击"Y轴"按钮。

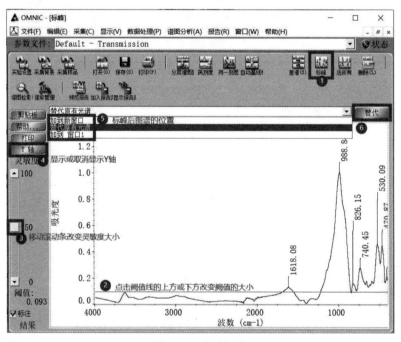

图8-20 自动标峰

方法2:手动标峰(图8-21)。①使用左下角标峰工具"T"逐个标峰;②要将原来的谱图替换为有标峰的谱图或要将标峰结果加入一个谱图窗口,从"标峰"窗口顶部的窗口选择框中选择需要的选项,然后单击"加"或"替代"。

7. 谱图的保存

保存与正常的文档操作相同(图8-22)。一般在采集结束后,保存数据,存成SPA格式(Omnic软件识别格式)和CSV格式(Excel可以打开)。

第八章 煤中矿物的红外光谱分析

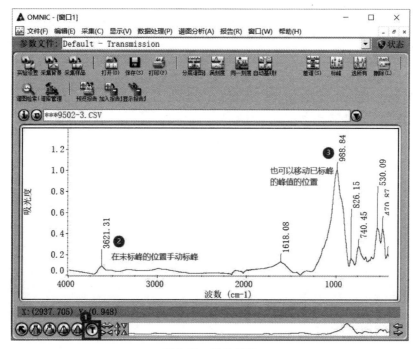

图 8-21 手动标峰

图 8-22 保存文件

六、注意事项

(1)实验前要熟悉 Omnic 软件的基本操作；
(2)仪器操作过程中要严格按照规范要求进行操作。

主要参考文献

陈善庆,1989.鄂、湘、粤、桂二叠纪构造煤特征及其成因分析[J].煤炭学报(4):1-10.

代世峰,唐跃刚,姜尧发,等,2021a.煤的显微组分定义与分类(ICCP system 1994)解析Ⅰ:镜质体[J].煤炭学报,46(6):1821-1832.

代世峰,刘晶晶,唐跃刚,等,2021b.煤的显微组分定义与分类(ICCP system 1994)解析Ⅲ:腐植体[J].煤炭学报,46(8):2623-2636.

代世峰,王绍清,唐跃刚,等,2021c.煤的显微组分定义与分类(ICCP system 1994)解析Ⅱ:惰质体[J].煤炭学报,46(7):2212-2226.

代世峰,赵蕾,唐跃刚,等,2021d.煤的显微组分定义与分类(ICCP system 1994)解析Ⅳ:类脂体[J].煤炭学报,46(9):2965-2983.

韩德馨,1996.中国煤岩学[M].徐州:中国矿业大学出版社.

琚宜文,姜波,侯泉林,等,2004.构造煤结构-成因新分类及其地质意义[J].煤炭学报,29(5):513-517.

李晶,汪小妹,李宝庆,等,2022.煤岩煤化学基础[M].武汉:中国地质大学出版社.

李小明,曹代勇,张守仁,等,2005.构造煤与原生结构煤的显微傅里叶红外光谱特征对比研究[J].中国煤田地质,17(3):9-11.

任磊夫,1992.黏土矿物与黏土岩[M].北京:地质出版社.

田树华,曹毅然,1997.鄂尔多斯盆地侏罗纪延安组的煤岩学及煤化学特征[J].中国地质科学院562综合大队集刊,(13):60-69.

闻辂,梁婉雪,章正刚,1989.矿物红外光谱学[M].重庆:重庆大学出版社.

吴俊,1987.突出煤的显微结构及表面特征研究[J].煤炭学报(2):40-46.

杨雅秀,张乃娴,苏昭冰,等,1991.中国黏土矿物[M].北京:地质出版社.

张乃娴,李幼琴,赵惠敏,等,1990.黏土矿物研究方法[M].北京:科学出版社.

赵杏媛,何东博,2016.黏土矿物与油气勘探开发[M].北京:石油工业出版社.

邹艳荣,杨起,1998.煤中的孔隙与裂隙[J].中国煤田地质,10(4):39-40+48.

CAMERON A,1991. Regional patterns of reflectance inlignites of the Ravenscrag Formation, Sasketchewan, Canada[J]. Organic Geochemistry,17:223-242.

CREANEY S,1980. The organic petrology of the upper Cretaceous Boundary Creek

Formation, Beaufort-Mackenzie Basin[J]. Bulletin of Canadian Petroleum Geology, 28: 112-119.

DAI S, LIU J, WARD C R, et al., 2015a. Petrological, geochemical, and mineralogical compositions of the low-Ge coals from the Shengli Coalfield, China: A comparative study with Ge-rich coals and a formation model for coal-hosted Ge ore deposit[J]. Ore Geology Reviews, 71:318-349.

DAI S, HOWER J C, WARD C R, et al., 2015b. Elements and phosphorus minerals in the middle Jurassic inertinite-rich coals of the Muli Coalfield on the Tibetan Plateau[J]. International Journal of Coal Geology, 144:23-47.

DAI S, YANG J, WARD C R, et al., 2015c. Geochemical and mineralogical evidence for a coal-hosted uranium deposit in the Yili Basin, Xinjiang, northwestern China[J]. Ore Geology Reviews, 70:1-30.

DAI S, WANG P, WARD C R, et al., 2015d. Elemental and mineralogical anomalies in the coal-hosted Ge ore deposit of Lincang, Yunnan, southwestern China: Key role of N_2-CO_2-mixed hydrothermal solutions[J]. International Journal of Coal Geology, 152:19-46.

DAI S, WANG X, SEREDIN V V, et al., 2012. Petrology, mineralogy, and geochemistry of the Ge-rich coal from the Wulantuga Ge ore Deposit, Inner Mongolia, China: New data and genetic implications[J]. International Journal of Coal Geology, 90:72-99.

DIESSEL C F K, 1992. Coal-bearing depositional systems[M]. Berlin: Springer.

FARAJ B S, MACKINNON I D R, 1993. Micrinite in southern hemisphere sub-bituminous and bituminous coals: Redefined as fine grained kaolinite[J]. Organic Geochemistry, 20(6):823-841.

GOODARZI F, 1985a. Organic petrology of Hat Creek Coal Deposit no. 1, British Columbia[J]. International Journal of Coal Geology, 5(4):377-396.

GOODARZI F, 1985b. Optically anisotropic fragments in a Western Canadian sub-bituminous coal[J]. Fuel, 64:1294-1300.

HOWER J C, O'KEEFE J M K, WAGNER N J, et al., 2013. An investigation of Wulantuga coal(Cretaceous, Inner Mongolia) macerals: Paleopathology of faunal and fungal invasions into wood and the recognizable clues for their activity[J]. International Journal of Coal Geology, 114:44-53.

HOWER J C, SUAREZ-RUIZ I, MASTALERZ M, et al., 2007. The investigation of chemical structure of coal macerals via transmitted-light FT-IR microscopy by X. Sun[J]. Spectrochimica Acta Part a-Molecular and Biomolecular Spectroscopy, 67:1433-1437.

HUTTON A C, 1982. Organic petrology of oil shales[D]. Wollongong: University of Wollongong.

ICCP, 1963. International handbook of coal petrography[M]. 2nd ed. CNRS. Academy of

Sciences of the USSR, Paris, Moscow.

ICCP, 1971. International handbook of coal petrography[M]. Supplement to 2nd ed. CNRS. Academy of Sciences of the USSR, Paris, Moscow.

ICCP, 1998. The new vitrinite classification(ICCP System 1994)[J]. Fuel, 77: 349-358.

ICCP, 2001. The new inertinite classification(ICCP System 1994)[J]. Fuel, 80: 459-471.

JONES T P, SCOTT A C, COPE M, 1991. Reflectance measurements and the temperature of formation of modern charcoals and implications for studies of fusain[J]. Bulletin de laSociete Geologique de France, 162(2): 193-200.

LYONS P C, FINKELMAN R B, THOMPSON C L, et al., 1982. Properties, origin and nomenclature of rodlets of the inertinite maceral group in coals of the central Appalachian Basin, U. S. A. [J]. International Journal of Coal Geology, 1: 313-346.

LYONS P C, HATCHER P G, BROWN F W, 1986. Secretinite: A proposed new maceral of the inertinite maceral group[J]. Fuel, 65: 1094-1098.

MASTALERZ M, HOWER J C, CHEN Y Y, 2015. Microanalysis of barkinite from Chinese coals of high volatile bituminous rank[J]. International Journal of Coal Geology, 141: 103-108.

PICKEL W, KUS J, FLORES D, 2017. Classification of liptinite-ICCP System 1994[J]. International Journal of Coal Geology, 169: 40-61.

POTONIÉ H, 1920. Die Entstehung der steinkohle und der kaustobiolithe überhaupt [M]. 6th ed. Berlin: Borntraeger.

SCOTT A C, 1989. Observations on the nature and origin of fusain[J]. International Journal of Coal Geology, 12: 443-475.

SOÓS L, 1964. Kohlenpetrographische und Kohlenchemische Untersuchungen des Melanoresinits[J]. Acta Geol. Hung, 8: 3-18.

STACH E, MACKOWSKY M T H, TEICHMÜLLER M, et al., 1982. Stach's textbook of coal petrology[M]. Berlin, Stuttgart: Gebrüder Borntraeger.

STOPES H, 1993. International handbook of coal petrography[M]. 3rd Supplement to 2nd ed. England: University of Newcastle upon Tyne.

STOPES M C, 1935. The classification of coals[J]. Nature, 136(3427): 33-33.

SUN X, 2002. The optical features and hydrocarbon-generating model of "barkinite" from Late Permian coals in South China[J]. International Journal of Coal Geology, 51: 251-261.

SUN Y, 2003. Petrologic and geochemical characteristics of "barkinite" from the Dahe Mine, Guizhou Province, China[J]. International Journal of Coal Geology, 56: 269-276.

SYKOROVA I, PICKEL W, CHRISTANIS K, et al., 2005. Classification of huminite-ICCP System 1994[J]. International Journal of Coal Geology, 62: 85-106.

TAYLOR G H, TEICHMÜLLER M, DAVIS A, et al. , 1998. Organic petrology[M]. Berlin:Gebrüder Borntraeger.

TEICHMÜLLER M,1974. Über neue Macerale der liptinit-gruppe und die entstehung von Micrinit. Fortschr. Geol. Rheinl[J]. Westfalen,24:37-64.

TEICHMÜLLER M, OTTENJANN K, 1977. Art und diagenese von liptiniten und lipoiden stoffen in einem edölmuttergestein auf grund fluoreszenzmikroskopischer untersuchungen[J]. Erdöl und Kohle,Erdgas,Petrochemie,30:387-398.

TYSON R V,1995. Sedimentary organic matter:Organic facies and palynofacies[M]. London:Chapman and Hall.

VARMA A K,1996. Facies control on the petrographic composition of inertitic coals [J]. International Journal of Coal Geology,30:327-335.

WANG S,LIU S,SUN Y,et al. ,2017. Investigation of coal components of Late Permian different ranks bark coal using AFM and Micro-FTIR[J]. Fuel,187:51-57.

选题策划：韦有福　张晓红
责任编辑：韦有福
封面设计：魏少雄

中国地质大学出版社官网

出版社线上购书平台

ISBN 978-7-5625-5722-7

定价:25.00元

国家级一流本科专业建设点规划教材

中国地质大学（武汉）自动化与人工智能精品课程系列教材

数字图像处理实验指导书

SHUZI TUXIANG CHULI SHIYAN ZHIDAOSHU

徐迟　上官星辰　魏龙生　编著

中国地质大学出版社